# ESSAI
# SUR LA GÉOLOGIE
## DU NORD DE LA FRANCE.

# ESSAI
# SUR LA GÉOLOGIE
## DU NORD DE LA FRANCE,

PAR J. J. OMALIUS-D'HALLOY.

EXTRAIT DU JOURNAL DES MINES,
n°. 140 et suivans, année 1808.

A PARIS,
De l'Imprimerie de BOSSANGE et MASSON.

1809.

# ESSAI
# SUR LA GÉOLOGIE (1)
## DU NORD DE LA FRANCE.

Par J. J. Omalius-d'Halloy.

## INTRODUCTION.

Nous ne sommes pas encore loin de l'époque où la minéralogie ne consistait qu'en quelques notions économiques sur l'exploitation et les usages des minéraux utiles : elle était peu faite, dans cet état, pour attirer l'attention du génie français, et l'art des mines fit des progrès plus rapides chez l'étranger, dont nous restâmes long-tems tributaires pour un grand nombre de préparations métallurgiques. Mais les belles découvertes du siècle dernier ayant absolument changé la face des sciences physiques, nous vîmes s'élever, au milieu de nous, des minéralogistes dont les travaux seront toujours célèbres dans les fastes de la science, et qui donnèrent aux Français le goût d'une étude

(1) Je n'entends par le mot de *géologie*, que cette branche de l'histoire naturelle des minéraux, que les auteurs allemands appellent *géognosie*. J'ai préféré la première de ces dénominations, parce qu'elle a été la plus généralement employée en France.

qu'ils avaient d'abord négligée. Aussi, pendant que la victoire réunissait à notre territoire des contrées riches en minéraux, d'habiles observateurs prouvaient, par une foule de découvertes, que le sol de l'ancienne France recelait une multitude de substances dont on n'y avait pas soupçonné l'existence.

Utilité des descriptions géologiques.

Quelques nombreuses qu'aient été ces découvertes, nous pouvons nous flatter qu'il en reste encore beaucoup à faire; et on sait que les descriptions géologiques qui donnent le détail des diverses masses de terrains, sont d'un très-grand secours pour les recherches de ce genre.

Celle-ci n'est qu'un essai.

Sous ce rapport, le Nord de la France actuelle est peut-être une des parties de l'Europe qu'on connaisse le moins, ce qui me fait hasarder la publication de cet Essai, dans l'espérance qu'il pourra engager des personnes plus instruites à parcourir des provinces dignes d'exciter la curiosité des minéralogistes. Je verrai avec plaisir relever les erreurs que j'ai pu commettre, et ajouter de nouvelles observations à une description que je suis loin de regarder comme complète. Je regrette principalement de ne pouvoir traiter des nombreux fossiles que recèlent une partie des couches minérales de ce pays : les résultats géologiques qu'un savant célèbre a su tirer dans ces derniers tems, de ses immenses connaissances en zoologie, prouvent qu'actuellement aucune branche de l'histoire naturelle ne peut marcher seule, et que l'étude du globe terrestre, entre autre, a les plus grands rapports avec celle des êtres organisés.

Au reste, mon but n'est que de donner une idée des différens terrains qui constituent les parties septentrionales de la France, et j'espère qu'on voudra bien se rappeler que je n'entreprends ni une statistique minéralogique, ni une description générale des produits économiques de ces contrées; c'est dans les Mémoires qu'ont déjà publié ou que publieront encore MM. les Ingénieurs des Mines, qu'on trouvera des détails satisfaisans à cet égard.

La nomenclature de M. Haüy peut servir en géologie.

Je me servirai de la nomenclature établie par M. Haüy. Mais comme ce savant, spécialement appliqué à la minéralogie proprement dite, s'est peu occupé de la partie géologique, je serai obligé, en parlant de nos différentes roches, de citer quelques modifications qui ne sont point indiquées dans sa méthode. En conséquence, il convient, pour plus de clarté et pour éviter les répétitions, d'entrer dans quelques détails à ce sujet.

Je dois observer auparavant, qu'il me paraît qu'une méthode géologique n'a pas besoin d'un langage différent de celui consacré par le célèbre auteur de la *Théorie des Cristaux*. Je ne vois pas la nécessité que la nomenclature exprime toujours la position et pour ainsi dire l'âge de chaque roche. A la vérité, si toutes les parties du globe avaient éprouvé les mêmes révolutions, si toutes étaient formées des mêmes couches, aussi régulièrement que les cercles concentriques d'un arbre dicotylédon; enfin si les substances anciennes ne ressemblaient jamais aux nouvelles, alors ce genre de nomenclature serait le comble de la perfection. Mais il s'en faut de beaucoup que les choses soient ainsi ; on sait que les divers bassins ont éprouvé des catastrophes variées, qui ont donné naissance dans un pays à des couches dont les analogues ne se retrouvent pas dans le bassin voisin. On sait également que des minéraux formés à des époques et sous des conditions différentes, ont quelquefois tant de ressemblance, qu'il est impossible de les distinguer. Et pourquoi voudrait-on mettre le géologue hors d'état de désigner un échantillon dès qu'il ne connaîtra pas le lieu, et pour ainsi dire la profondeur où il se trouvait ? n'est-il pas plus simple qu'il puisse, ainsi que le minéralogiste, nommer une roche dès qu'il aura reconnu sa composition ? C'est ensuite aux descriptions particulières à nous expliquer les systèmes de formation des différens bassins, et à nous apprendre, par exemple, que dans les environs de Paris (1) la substance la plus ancienne est la craie, sur laquelle se pose un premier étage de calcaire siliceux et de calcaire coquiller, etc.

Mais il faut y ajouter quelques modifications géologiques.

Il est un moyen qui me semble rendre la méthode minéralogique de M. Haüy, applicable au but que je propose, c'est simplement d'y ajouter, comme espèces, ou plutôt comme modifications géologiques, quelques roches particulières, que leur nature douteuse ne permet pas encore de réunir à nne espèce minéralogique ; car on doit convenir que la plupart des roches ne sont que des variétés ou des mélanges

---

(1) *Géographie minéralogique des environs de Paris*, par MM. Cuvier et Brongniart. (Voyez le *Journal des Mines*, n°. 138).

de ces mêmes espèces. Il est heureux, pour la géologie, de pouvoir aussi participer à cette belle application de la géométrie à l'étude des minéraux. Combien de fois les caractères extérieurs ne nous mettraient-ils pas dans le cas de séparer des roches dont l'identité est annoncée par quelques lames cristallines qui se trouvent dispersées dans la masse?

L'introduction de trois de ces espèces géologiques et de quelques variétés dans l'espèce du quartz, me permettront, j'espère, de parler de toutes les roches des pays que j'essaie de décrire; je vais les passer successivement en revue.

Variétés géologiques du quartz.

Grès et brèches.

Les *grès* et les *brèches quartzeuses*, considérés dans leur état de pureté, constituent des masses de quartz douées d'une texture particulière. Il me semble qu'en faisant abstraction des circonstances géologiques de leur formation, on doit les regarder comme de simples variétés que peut affecter cette espèce de roche. On sait que le grès est formé de petits grains agglutinés, et que lorsque ces grains deviennent en tout ou en partie d'une certaine grosseur, leur réunion s'appelle *brèche*. J'étends, d'après M. Haüy, ce dernier nom aux agrégats composés de grains arrondis ou *poudings*, aussi bien qu'à ceux qui ne renferment que des fragmens anguleux. Il y a dans les substances dont j'aurai occasion de parler, des mélanges si intimes de ces deux modifications, qu'il serait impossible de tracer une séparation naturelle entre le *pouding* à parties arrondies et la brèche à fragmens anguleux; distinction qui serait bien inutile, puisqu'ils se trouvent l'un et l'autre dans les même formations, et absolument dans

Identité des brèches et *poudingues*.

les mêmes gisemens. Les brèches sont ordinairement composées de quartz-agate : j'en ferai cependant connaître de quartz hyalin pur.

Il y a des *grauwackes* qui sont des grès.

J'ai cru pouvoir comprendre parmi les sous-variétés du grès des roches de nos départemens septentrionaux, qui réunissent tous les caractères des *grauwackes* des minéralogistes allemands. J'ai cherché à me rendre raison de leurs différences avec le véritable grès ou sandstein : il m'a paru qu'elles se réduisaient à deux principales : 1°. l'époque de formation : les *grauwackes* en général, et celles-ci en particulier, appartenans aux terrains de transition, tandis que le grès des auteurs allemands n'existe que dans les terrains secondaires : 2°. la nature moins pure des *grauwackes*. Sur quoi j'observerai qu'il y a dans ce même terrain de transition, ainsi qu'on le verra ci-dessous, des roches formées de grains de quartz blanc agglutinés ensemble, c'est-à-dire, des grès aussi purs qu'il soit possible de s'en représenter. Mais ces roches alternant avec des schistes, conservent rarement cette pureté, et sont ordinairement souillées d'argiles et autres matières, état dans lequel elles me paraissent constituer de véritables *grauwackes*, substance qui, dans ce cas, n'est à mes yeux qu'un passage entre les grès purs et les schistes. Or je ne crois pas qu'il soit nécessaire d'avoir des noms spécifiques pour saisir tous les passages ou nuances ; car tandis qu'il y a, dit M. Haüy, une barrière insurmontable entre les espèces considérées dans leur état de perfection, c'est-à-dire, lorsqu'elles jouissent de formes cristallines, les passages sont libres entre les roches, et à la rigueur, il peut exister dans la nature autant de nuances de roches qu'il y a de combinaisons possibles entre les espèces minéralogiques. On pourrait au reste indiquer ces divers mélanges par les épithètes de *grès micacés*, *grès argileux*, *grès calcarifère*, etc.

Le quartz commun (*gemeiner-quartz*) des auteurs allemands, est appelé par M. Haüy, *quartz-hyalin amorphe*. Cette dénomination très-bonne, quand il n'est question que de donner un caractère d'opposition aux formes cristallines, ne peut pas figurer dans une description géologique qui s'occupe spécialement des masses non cristallisées, et qui tire ses principaux caractères des variétés de tissu. Il me semble qu'on pourrait la remplacer, pour une partie de ces quartz, par celle de *compacte*, comme on l'a déjà fait dans la chaux carbonatée; mais tous les *quartz amorphes* ne sont point véritablement compactes; M. de Saussure a notamment observé dans les plaines de la Crau (1), une substance qui semble, dit-il, *limitrophe entre les grès durs et les quartz proprement dits*. Il la considère comme un *quartz grenu*. Cette variété, qui tient à peu près le même rang entre le quartz compacte et le grès, que la craie entre la chaux carbonatée compacte et la chaux carbonatée grossière, est très-commune dans les terrains qui font le sujet de ce Mémoire, et mérite d'être distinguée des autres masses quartzeuses. Le nom admis par Saussure peut difficilement s'accorder avec le principe que je viens de poser; car dès qu'on range

Quartz compacte.

Quartz grenu.

(1) *Voyage dans les Alpes*, §. 1550 et 1594.

le grès parmi les variétés de quartz, on ne devrait plus donner, à une modification différente, l'épithète de *grenu*, qui convient par excellence au grès. Cependant, comme les distinctions qu'on établit en histoire naturelle ont souvent un sens relatif plutôt qu'absolu, j'emploierai ce nom de *quartz grenu*, pour éviter de former un mot nouveau, et en prévenant préalablement, que je désigne par cette dénomination, un quartz dont le tissu grenu, par rapport à la variété compacte, présente des grains moins sensibles et essentiellement plus petits que ceux du grès. Du reste, cette variété a une singulière tendance à se confondre avec le quartz compacte et le grès; elle alterne et se mêle aussi avec les schistes : alors elle est ordinairement souillée par des matières étrangères qui lui donnent un aspect terne, une cassure matte, une opacité parfaite. Je donnerai dans la suite des détails sur son gisement et ses variations; je ne crois pas qu'elle ait été distinguée par l'école allemande du *quartz commun en masse*.

Quartz feuilleté.

Une autre modification qu'affectent encore nos roches quartzeuses, c'est le tissu *feuilleté* ou *schisteux* qui se rapporte, selon les qualités de la pâte, aux substances appelées dans la géognosie allemande, *quartz-schiefer*, *sandstein-schiefer*, *kiesel-schiefer*, et même à quelques *grauwakken-schiefer*.

Résumé sur le quartz.

Par suite de ces observations, voici quelles sont les dénominations que je donnerai aux diverses *variétés de tissu* ou de *formes indéterminables* de l'espèce du quartz dont j'aurai occasion de parler.

1°. Quartz laminaire.
2°. ——— feuilleté.
3°. ——— compacte.
4°. ——— grenu.
5°. ——— grès.
6°. ——— brèche.
7°. ——— roulé.
8°. ——— arénacé ( sable ).
9°. ——— concrétionné.

On voit par cette énumération, que je n'ai fait, à peu près, qu'appliquer à cette espèce les mêmes principes qui ont servi à établir les variétés de la chaux carbonatée, dans l'ouvrage de M. Haüy; car outre le rapprochement que j'ai déjà indiqué pour quelques variétés, on sait qu'il y a des auteurs qui ont comparé les chaux carbonatées saccaroïde et grossière à des grès calcaires.

La cornéenne.

La *cornéenne* est une de ces substances douteuses dont je parlais ci-dessus, et qui mérite d'être considérée provisoirement comme une espèce géologique. Je désignerai par ce nom, toutes les roches ainsi nommées dans l'appendice du *Traité* de M. Haüy. Ce qui comprend, comme on sait, les trapps des minéralogistes suédois, les amygdaloïdes et les porphyres dont la pâte n'est point feldspathique (*petro-silex* et *klingstein*) ou argileuse.

Le *grunstein* homogène paraît être une cornéenne.

Mais il y a une autre substance de la géognosie allemande qui demande quelques observations. On sait qu'on appelle *grunstein* une roche formée d'amphibole et de feldspath: souvent ces deux substances sont en parties séparées, et alors nulle difficulté de les reconnaître dans la minéralogie française, comme formant une roche amphibolique avec le feldspath. Mais quelquefois ces élémens se mêlent si intimement, qu'on ne peut plus les distinguer, et qu'alors on n'aperçoit qu'une roche homogène.

Il paraît (1) que l'école allemande, quittant en ce moment sa précision ordinaire pour indiquer les différens états des roches, continue d'appeler celle-ci du même nom que quand les élémens étaient distincts. Je sens bien qu'aidé des circonstances du gisement, on peut suivre le passage du *grunstein*, formé de cristaux séparés, à celui d'un tissu homogène, et que dans ce cas on peut se représenter, par la pensée, que cette roche est effectivement due à un mélange. Mais supposons-nous pour un instant privé de cette connaissance, quel moyen aurons-nous pour reconnaître le mélange intime de deux espèces minéralogiques? Je sais aussi que j'ai avancé tout-à-l'heure qu'on ne doit pas saisir toutes les nuances. Mais dans le cas présent, puisque nous avons déjà admis une espèce géologique, qui paraît n'être elle-même qu'un mélange d'amphibole et d'autres matières, et que nous trouvons dans ce *grunstein* homogène tous les caractères minéralogiques de la cornéenne, n'est-il pas plus simple de l'associer à cette roche?

Le schiste et l'argile.

On aurait pu, ainsi que l'a fait M. Haüy, réunir le schiste avec l'argile. Plusieurs raisons

(1) Je dis *il paraît*, car j'ai vu des minéralogistes formés à cette école, qui cessaient d'appeler *grunstein* le mélange de l'amphibole et du feldspath, dès que les élémens cessaient d'être visibles.

m'ont engagé à les considérer séparément. D'abord, comme il n'est question que d'espèces ou modifications géologiques pour l'établissement desquelles on n'a pas encore de règles bien fixes, il n'y a pas grand inconvénient à les conserver toutes deux. Ensuite je rapporterai dans le cours de cet Essai, quelques observations qui pourraient faire naître l'idée, qu'une partie de nos schistes se réuniront, peut-être, à une espèce minéralogique différente de l'argile.

Schistes ardoise et argileux de M. Brongniart.

Les schistes de nos provinces septentrionales présentent deux grandes divisions qui s'accordent très-bien avec deux des variétés établies dans l'ouvrage de M. Brongniart, l'une est le schiste *ardoise*, l'autre le schiste *argileux* : cette dernière dénomination a le défaut d'attribuer à ce nom une signification différente de celle que lui assigne l'école allemande ; j'en ferai cependant usage, et je préviens en conséquence que par le mot de schiste argileux, je serai loin d'indiquer les *thonschiefer* des Allemands, qui comprennent nos ardoises ; mais que je parlerai simplement de la variété à laquelle M. Brongniart a donné ce nom, et dont je ferai connaître les caractères en traitant des terrains où elle se trouve. Je range parmi les schistes les *ampélites* du même auteur, dont les deux variétés existent dans nos départemens : il en est une qui se rapproche du schiste argileux, l'autre de l'ardoise.

Des divisions géologiques.

Il convient en outre, qu'avant de passer aux descriptions particulières, je fasse connaître les divisions géologiques que j'emploierai.

On sait que les divers terrains qui constituent le globe, n'ont point été formés d'un seul jet, mais que leur origine se rattache à des époques et à des circonstances différentes, d'où sont venues les divisions en terrains primitifs, secondaires, tertiaires, etc.

**Les terrains du Nord de la France paraissent se diviser en deux grandes formations, ceux *en couches inclinées*, et ceux *en couches horizontales*.**

Lorsqu'on a parcouru le Nord de la France, on peut y distinguer d'abord deux grandes époques de formations générales, qui ont donné naissance à deux ordres de terrains qui diffèrent entre eux par plusieurs caractères, dont un des plus remarquables est que d'un côté les *couches* sont toujours *horizontales*, et que de l'autre, leur position ordinairement *inclinée*, varie depuis le plan vertical jusqu'au plan horizontal; mais ceci demande une petite digression.

**Les premiers sont les plus anciens.**

M. de Saussure a dit (1) que les couches des *montagnes secondaires sont d'autant plus irrégulières, qu'elles s'approchent davantage des primitives.* J'exprime ce principe de la manière suivante : *Dans un même bassin les terrains en couches inclinées sont toujours plus anciens que ceux en couches horizontales*. Quand cette proposition ne serait pas, pour ainsi dire, la traduction d'un principe posé par l'un de nos plus célèbres géologistes, par le savant qui peut-être a le plus observé la nature, il me paraît que la théorie, loin de pouvoir la réfuter, conduirait seule à l'établir; car, quoique nous ne connaissions pas les causes de l'inclinaison, nous convenons tous qu'elles doivent leur origine à un ordre de chose qui n'existe plus ; aussi tous les auteurs qui ont entrepris d'expliquer ce phénomène, ont été forcés de

(1) *Voyage dans les Alpes*, §. 287.

supposer l'existence de différens effets qui ne se renouvellent plus. Or, quelqu'aient été les causes de ces effets, on ne peut disconvenir qu'il est arrivé une époque où elles ont cessé d'agir, et c'est alors qu'ont été formées les couches horizontales. On pourrait objecter que les causes d'inclinaison se reproduisaient dans un même bassin à différentes époques, et qu'il pouvait se former alternativement des couches inclinées et des couches horizontales, mais ce serait une hypothèse gratuite qui n'est encore fondée, de ma connaissance, sur aucune observation suffisante, et qui me semble même très-difficile à admettre en théorie.

A la vérité, ce principe ne doit s'entendre que d'une manière générale; car, ainsi que je l'ai observé, la variété d'inclinaison étant une des propriétés des couches inclinées, elles ont quelquefois une position semblable à celle des couches essentiellement horizontales. Il arrive aussi que ces dernières ont subi l'effet de quelques causes accidentelles et locales qui les ont fortement inclinées; mais ces espèces d'anomalies occupent rarement une étendue considérable, et comme il y a d'autres caractères qui coïncident avec cette division, on peut presque toujours distinguer facilement ces deux grandes formations.

Différences générales entre ces terrains.

En général, la masse des terrains en couches inclinées de nos départemens septentrionaux, manifeste des indices d'une origine plus ancienne que celle des terrains horizontaux: une partie ne contient pas de corps organisés, la portion qui en renferme présente des végétaux et des animaux différens des genres actuels, et transformés en matières pierreuses ou charbonneuses ; les pierres y sont dures, les cristallisations fréquentes, les filons métalliques abondans, le pays est ordinairement montueux, déchiré par des vallées profondes, bordées d'escarpemens rapides et remplies de débris ; tout y annonce les suites de catastrophes violentes.

Dans les couches horizontales, au contraire, les êtres organisés ont en général conservé leur nature ; ils appartiennent à des espèces plus rapprochées de celles qui existent actuellement ; les pierres sont tendres, les filons métalliques très-rares, le pays est plat ou orné de collines en pentes douces.

Mais outre ces caractères généraux, on reconnaît encore dans chacune de ces deux grandes divisions, divers systèmes de couches, jouissant de propriétés particulières qui indiquent des circonstances de formation très-différentes.

Les terrains inclinés se sousdivisent en ceux qui contiennent des corps organisés et ceux où il n'y en a pas.

On peut d'abord distinguer dans les terrains en *couches inclinées*, ceux qui contiennent beaucoup de corps organisés, et ceux où il paraît qu'on n'en a pas encore trouvé : ces derniers sont en général composés de roches cornéennes, de quartz, d'ardoises, etc. Pour les étudier avec plus de facilité, je les diviserai en deux formations, je rangerai dans l'une les quartz et les ardoises, je placerai dans l'autre les diverses variétés de cornéennes, et je la désignerai par le nom de *formation trappéenne* qu'elle porte dans l'école allemande. On n'a pas de notions bien positives sur l'ancienneté comparative de ces deux formations, car la superposition de leurs couches est, pour ainsi dire, voilée par les effets de l'inclinaison que ces

Formation trappéenne.

couches paraissent devoir à des causes analogues, et les unes et les autres ne contiennent point de corps organisés. Mais quelques raisons d'analogie me portent à croire que le terrain trappéen est le plus ancien de nos départemens; d'abord je n'ai pas encore vu d'intermédiaire entre ces roches et celles qui renferment des êtres organisés; ce qui n'a pas lieu pour les ardoises : ensuite nos porphyres contiennent beaucoup de cristaux de feldspath, substance qui appartient ordinairement aux terrains très-anciens.

On y annexera les basaltes sans rien en conclure sur leur origine.

Pour que la série de ces formations soit en rapport avec la superposition apparente des couches, je conserverai à celles des trapps l'étendue qu'on lui donne dans la géognosie allemande; c'est-à-dire, que j'y comprendrai les *basaltes* du Nord de la France, qui paraissent placés en dessous des ardoises, en observant toutefois que je ne prétends pas, par cette disposition, décider qu'ils soient plutôt le produit de l'eau que celui du feu; mais que mon but est simplement d'indiquer leur différence avec les terrains dont l'origine ignée est incontestable, et qui dans ce pays se trouvent superposés aux autres couches régulières; de sorte que les naturalistes qui regardent la liquéfaction ignée de tous les basaltes comme démontrée, ne doivent voir, dans cette classification, qu'une division du terrain volcanique en deux formations, l'une placée entre les cornéennes et les ardoises, l'autre considérée comme postérieure à la déposition des couches environnantes.

Formation ardoisière.

J'appellerai le terrain formé de couches,

souvent alternatives de schiste ardoise et de quartz, *formation ardoisière*, parce que l'ardoise est son produit économique le plus important et la substance la plus abondante. Ce terrain, qui occupe des chaînes continues, présente sur ses bords des liaisons avec les couches inclinées qui renferment des empreintes d'animaux et de végétaux.

Formation bituminifère.

Ces dernières couches constituent un terrain très-remarquable sous le rapport économique et minéralogique qui abonde en combustibles fossiles, en minerais métalliques, etc. Il est en général formé de couches alternatives, de chaux carbonatée bituminifère, de grès et de schistes argileux. Comme un de ses caractères particuliers est de présenter les mines de houilles les plus riches de la France, peut-être même de tout le continent européen, et que le calcaire y est toujours imprégné de bitume, j'ai cru pouvoir le désigner par le nom de *formation bituminifère.*

Tous ces terrains inclinés ont du rapport avec ceux de transision.

Quoique l'absence et la présence des corps organisés établissent une très-grande différence entre ces diverses formations, je suis porté à croire qu'elles se rapportent aux terrains de transition des auteurs allemands; de sorte qu'il n'y aurait pas de véritables terrains primitifs dans le Nord de la France. Je n'ai point osé établir cette division en première ligne, parce que je ne suis pas assez sûr de mes connaissances à cet égard, d'autant plus que ces terrains recèlent des houilles grasses qu'on a toujours regardées comme secondaires, et des cornéennes que certains auteurs ont considérées comme primitives.

On

On a vu, par le beau travail sur les environs de Paris (1), combien on pouvait distinguer de formations dans les terrains horizontaux. Le Nord de la France, qui en contient de plus anciens que la craie, présenterait probablement un plus grand nombre de circonstances différentes; mais n'étant pas à même d'opérer avec cette précision rigoureuse qui caractérise les recherches dont je viens de parler, je n'établirai que quatre formations générales dans nos couches horizontales.

Grès rouge.

La plus ancienne qui se rapproche jusqu'à un certain point des terrains inclinés, dont les couches jouissent quelquefois d'une inclinaison très-sensible, est formée de grès et de brèches rougeâtres que les Allemands appellent *Rothes Todtes liegendes;* je la nommerai également *formation du grès rouge*, cette couleur étant en général un caractère assez constant, mais cependant qui n'est point exclusif, puisqu'on voit souvent ces grès qui se lient au calcaire par l'intermédiaire des grès jaunâtres.

Calcaire horizontal.

Quoique les couches horizontales de chaux carbonatée présentent un grand nombre d'époques et de formations qui sont très-sensibles, je les réunis sous le nom de *formation du calcaire horizontal*, me réservant d'indiquer dans la suite quelques-unes des principales différences.

Grès blanc.

Au-dessus du calcaire, il y a dans certains endroits des amas de sable et de grès qui

(1) *Description*, etc., par MM. Cuvier et Brongniart, *Journal des Mines*, n°. 138.

paraissent provenir d'un dépôt particulier, que je distinguerai par le nom de *formation du grès blanc*. Ces couches ne constituent jamais à elles seules une grande étendue de pays; elles sont seulement répandues par lambeaux ou par taches au-dessus des autres terrains, sur-tout du calcaire horizontal.

Terrain meuble.

Toutes ces formations sont en général recouvertes par des dépôts plus ou moins profonds de matières très-différentes, connues sous les noms de *sables*, *d'argiles*, *limon d'attérissement*, *terre végétale*, etc. parmi lesquels on pourrait probablement distinguer des traces d'origines très-différentes, telles que des terrains marins, des terrains d'eau douce, des alluvions, des terres produites par la destruction locale des couches inférieures, etc. Je les réunis toutes en un seul groupe qu'il est impossible de bien caractériser, à cause des grandes variations que présentent ces amas; mais comme une de leurs propriétés les plus générales est de différer des couches régulières par le défaut d'adhérence des parties, j'ai cru pouvoir les nommer *formation du terrain meuble*, dénomination qui est cependant très-imparfaite, puisqu'il existe de ces matières agglutinées en forme de grès. Au reste, les sables de cette formation se distinguent de ceux qui accompagnent le grès blanc par plusieurs caractères, dont un des plus remarquables est la présence des cailloux roulés qui ne se trouvent pas dans les grès blancs.

Terrain volcanique.

Outre les basaltes que j'ai annexés à la formation trappéenne, le Nord de la France présente, comme je l'ai déjà indiqué, des *terrains* dont l'origine *volcanique* est évidente, et qui diffèrent des basaltes en ce qu'ils sont toujours posés sur les couches environnantes, tandis que les basaltes sont recouverts par les ardoises : ce terrain constituera une dernière *formation* que je place à la suite des autres sans vouloir prétendre que ces volcans aient agi après les révolutions qui ont donné naissance au terrain meuble.

Motifs qui ont porté à diviser le territoire en régions géologiques.

J'avais eu envie de décrire chacune de ces formations à la suite les unes des autres, en les examinant successivement dans les différens lieux où elles se trouvent ; mais cette manière obligeait de passer à chaque instant dans des contrées fort éloignées, et forçait de revenir plusieurs fois dans un même pays, ce qui eût entraîné des répétitions fastidieuses et n'eût point offert le tableau de la constitution géologique de chaque bassin. Une description par département nécessitait encore plus de répétitions et rendait plus difficile la connaissance des arrondissemens géologiques. J'ai cru, d'après ces motifs, que le parti le plus avantageux était de diviser le territoire que j'entreprends de faire connaître, en *régions* ou *cantons géologiques*, pour l'établissement desquels je combinerais la nature et l'aspect du terrain avec les positions géographiques.

Difficulté de nommer ces régions.

Les dénominations qu'il convenait de donner à ces régions, ne laissaient pas de présenter certaines difficultés : je ne pouvais les désigner par la nature du terrain et les noms de départemens, puisqu'une même formation se retrouve dans des parties très-éloignées les unes des autres, et que les départemens sont quelquefois traversés par plusieurs de ces divisions naturelles : une simple série numérique n'eût point assez facilité la mémoire ; j'ai pensé que je pouvais employer, soit les noms vulgaires par lesquels les habitans distinguent déjà des pays caractérisés par un aspect ou des productions particulières, soit les noms des anciennes provinces qui pourraient se trouver comprises dans l'étendue de ces régions, et qui ayant perdu leur démarcation administrative, ne présentait pas une idée aussi exacte à cet égard que les départemens actuels.

Je vais faire connaître, d'une manière sommaire, les diverses divisions de ce genre que j'établirai dans le Nord de la France.

Démarcation du pays qu'on va décrire.

La portion de notre territoire, embrassée par les bassins géologiques, qui feront le sujet de cette description, peut être bornée au Sud par une ligne qui couperait obliquement le 49e. degré de latitude boréale, en s'étendant des limites méridionales du département du Pas-de-Calais à celles du Mont-Tonnerre, ce qui comprend les neuf départemens de la Belgique, les quatre nouveaux départemens du Rhin, le Pas-de-Calais, le Nord, une partie des Ardennes et de la Moselle, et quelques communes de l'Aisne.

Il se divise d'abord en deux bandes, l'une montueuse, l'autre basse et unie.

Lorsqu'on considère ces pays d'une manière générale, on voit qu'ils se divisent en deux bandes, l'une élevée et montueuse au Sud-Est, l'autre basse et unie au Nord-Ouest.

Sous-division de cette dernière en régions.

En examinant plus attentivement le pays bas de l'Ouest, on remarquera que sa portion méridionale est en partie formée des mêmes terrains que les pays montueux de l'Est, tandis que la portion septentrionale est composée de couches horizontales plus récentes, ce qui établira une seconde division.

En continuant cette analyse, on observera que la majeure partie de la coupe septentrionale est susceptible d'une culture avantageuse, tandis qu'il existe au Nord-Ouest un canton moins étendu qui ne présente en général que de vastes *bruyères* ou landes sablonneuses. Cette région, qui renferme le département des Deux-Nèthes, partie de la Meuse-Inférieure, etc. est connue sous le nom vulgaire de *Campine*. La Campine.

Le reste de cette grande plaine en couches horizontales, comprend toute la ci-devant *Flandre*, et pourrait être désigné par le nom de cette province. La Flandre.

Les terrains plus anciens que je viens d'indiquer au Sud de la Flandre, sont partagés par un pays de calcaire horizontal, en deux groupes inégaux : l'un, à l'Ouest, qui n'occupe qu'une portion du département du Pas-de-Calais, est connu depuis long-tems, dans la minéralogie, sous le nom de *Boulonais*; l'autre, à l'Est, renferme l'ancienne province du *Hainaut* et quelque cantons adjacens. Le Boulonais. Le Hainaut.

Le calcaire horizontal qui sépare le Hainaut du Boulonais, n'est que l'extrémité du vaste bassin crayeux de la Picardie; mais comme il n'entre point dans le plan de cet Essai de traiter de tout ce bassin, je considérerai cette portion septentrionale, composée du ci-devant pays d'*Artois*, comme une région particulière. L'Artois.

Le pays montueux que nous avons laissé au Sud-Est, est traversé dans toute sa longueur par une bande aride, formée de ce terrain que j'ai appelé de formation ardoisière, qui s'étend Sous-division du pays montueux.

depuis le département de la Roër jusqu'à celui des Ardennes, et qui forme une région très-bien caractérisée, qu'on désignait dejà du tems de César sous le nom d'*Ardenne*.

L'Ardenne.

Le Condros.

Entre l'Ardenne et la Flandre il y a une seconde chaîne qui fait, en quelque manière, l'intermédiaire entre ces deux extrêmes, et dont le sol appartient à la formation bituminifère. Je la distinguerai par le nom de *Condros*, que l'usage vulgaire applique à la majeure partie de cette étendue.

L'Ardenne s'unit, par son extrémité Nord-Ouest, à une autre masse de pays montueux, qui décrit, pour ainsi dire, le second côté d'un angle aigu. Cette masse se prolonge du département de la Roër à celui de la Moselle, et est traversée par la rivière de ce nom, qui faute d'un meilleur moyen de division, me servira à la partager en deux régions; celle qui est au Nord est connue sous le nom vulgaire d'*Eiffel*. La partie méridionale comprend les plateaux élevés du *Hundsruck*, et les terrains qui récèlent les riches mines de mercure du Mont-Tonnerre, les belles agates d'Oberstein, et les abondantes houillères de la Sarre.

L'Eiffel.

Le Hundsruck.

Cette région est bordée de deux côtés par des collines de grès rouge et de calcaire horizontal qui la séparent, à l'Ouest, de l'Ardenne, et à l'Est, des montagnes du Bergtrass en Allemagne. Ces collines ne sont que les extrémités septentrionales de deux vastes bassins, dont l'un occupe les plateaux de la Lorraine, et l'autre s'étend dans les départemens du Bas et du Haut-Rhin, et même sur la rive droite de ce fleuve. Les raisons qui m'ont obligé de diviser le bassin de la Picardie, nécessitent encore ici l'établissement de deux petites régions. Celle de l'Est, comprise dans les départemens des Forêts, de la Sarre et de la Moselle, a la ville de *Luxembourg* pour point central; l'autre, qui ne renferme qu'une portion du département de Mont-Tonnerre, pourrait conserver le nom de *Palatinat*, qui a été si connu dans la minéralogie; mais qui, considéré comme ancienne province, s'étendait au-delà du Rhin et embrassait les mines de mercure que j'ai annexées au Hundsruck.

Le Luxembourg.

Le Palatinat.

Je ferai connaître l'étendue et la démarcation de chacune de ces régions, en traitant de leurs descriptions particulières que je vais entreprendre, en commençant par la plus septentrionale. J'observerai préalablement, qu'en indiquant les lieux où passent les limites séparatoires, je ne nommerai ordinairement que des villes ou des bourgs, chefs-lieux de canton; ce qui donnera les moyens de les trouver plus facilement sans entraîner d'erreurs sensibles, d'autant plus qu'on ne doit pas se représenter ces limites tirées ordinairement de la différence du terrain comme formant des lignes droites : la plupart, au contraire, sont dentelées et sinueuses, mais il serait trop long d'entrer dans le détail de ces replis (1).

Je ne rapporterai, en général, que des faits que j'ai vus par moi-même : dans le cas contraire, j'aurai soin d'indiquer les sources où je les aurai puisés.

---

(1) Il serait même assez facile, par le moyen de ces démarcations, de tracer sur une carte du Nord de la France l'espace qu'occupe chaque espèce de terrain. J'en ai enlu-

## PREMIÈRE RÉGION.

### LA CAMPINE.

Démarcation. Cette région est bornée à l'Ouest par l'Escaut, au Nord par la Hollande, à l'Est par le Rhin, et au Sud par une ligne tirée de l'Escaut au Rhin qui passerait près de Malines (Deux-Nèthes), Hasselt, Maëstricht (Meuse-Inférieure), et Juliers (Roër) : de sorte qu'elle comprend le département des Deux-Nèthes en entier, la majeure partie de la Meuse-Inférieure, quelques communes de la Dyle, et les arrondissemens de Clèves et Creveldt au département de la Roër.

Dénomination. Le nom de *Campine*, qui remplace depuis quelques siècles la dénomination plus ancienne de *Taxandrie*, est appliqué par l'usage vulgaire à la portion aride des départemens des Deux-Nèthes, de la Meuse-Inférieure et du Brabant hollandais.

Constitution physique. Ce pays fait partie de la vaste étendue de terrain sablonneux qui recouvre la Hollande, le Nord de l'Allemagne, la Pologne, etc. Il est uni et peu élevé au-dessus de la mer ; il

---

minée de cette manière, où la formation trappéenne est indiquée par une teinte verdâtre, la formation ardoisière par le bleuâtre, le terrain bituminifère par le noirâtre, le grès rouge par le violet-rougeâtre, le calcaire horizontal par le jaune (on peut varier cette couleur pour indiquer les diverses formations de ce calcaire), le terrain volcanique par le rouge vif, enfin les pays où il n'y a absolument que du terrain-meuble, sont recouverts d'une teinte de bistre.

présente beaucoup de ces plaines incultes qu'on connaît sous le nom de *bruyères*, et qui ont souvent la propriété de retenir les eaux au point de former des marais ou de grands étangs. Au reste, ces sables, quoiqu'arides dans leur état de pureté, sont très-propres à la culture lorsqu'ils contiennent un peu de limon ou qu'on leur fournit de l'engrais : c'est ainsi que les parties qui avoisinent le Rhin, la Meuse et l'Escaut, peuvent se ranger parmi les terres fertiles, et qu'on est souvent étonné de trouver au milieu des landes des villages qui, semblables aux *oasis* des déserts d'Afrique, sont environnés d'une brillante végétation.

Terrain meuble.

La Campine est peu faite pour attirer l'attention du minéralogiste ; on n'y trouve en général, à quelque profondeur qu'on s'enfonce, que des couches horizontales de sable de diverses couleurs, blanchâtre, grisâtre, jaunâtre, bleuâtre, verdâtre, etc. ; les couches blanches qui sont les plus communes et les plus exclusivement quartzeuses, sont naturellement les plus arides. Ces sables renferment, mais généralement en petite quantité, des cailloux roulés, qui ressemblent parfaitement aux diverses variétés de quartz des terrains en couches solides qui s'étendent vers le midi.

Sable.

Cailloux roulés.

Grès ferrugineux.

Dans quelques parties, notamment au canton de Béringen (Meuse-Inférieure), on trouve un grès ferrugineux enfoui dans le sable, par couches horizontales, ordinairement peu épaisses. Cette substance, d'une couleur brune, est quelquefois si abondante en fer, que son intérieur offre l'aspect métallique du fer oxydé hématite ; aussi on l'appelle vulgairement *pierre de fer*. Tandis que tout en ce pays annonce le transport, ce grès seul manifeste une formation locale ; il semble que lors de la déposition de ces sables, le liquide qui les transportait, avait quelquefois la propriété de dissoudre le fer, et que dans certaines circonstances, la dissolution étant parvenue à une saturation convenable, a agglutiné une partie du sable, de manière à former une couche mince, plus ou moins cohérente ; idée qui expliquerait non-seulement la formation de ce grès, mais rendrait encore raison de la cause, pour laquelle les sables sont toujours plus blancs que les cailloux qu'ils renferment.

Tourbe.

Le seul produit économique qu'on exploite dans cette région est la tourbe, qui paraît se former naturellement dans quelques-uns des marais qui recouvrent le sol.

Corps organisés.

On sait que les plaines sablonneuses du Nord de l'Europe recèlent des débris d'animaux marins et même de grands quadrupèdes. J'ignore si on y trouve une succession d'espèces, variées suivant les couches, de même que dans les véritables terrains secondaires.

## DEUXIÈME RÉGION.

### LA FLANDRE.

Démarcation.

Cette région, beaucoup plus étendue que la précédente, est bornée à l'Ouest et au Nord par la mer, l'Escaut oriental et la Campine; à l'Est et au Sud par une ligne qui se dirigerait de l'extrémité orientale du département de la Meuse-Inférieure jusqu'au Pas-de-Calais, en passant par les environs de Dalhem, Liége, Avenne (Ourthe), Hall (Dyle), Grammont, Renaix (Escaut), Lille et Cassel (Nord); ce qui comprend non-seulement l'ancienne province de Flandre, c'est-à-dire, les départemens de la Lys, de l'Escaut et partie du Nord; mais encore presque toute la Dyle, la portion méridionale de la Meuse-Inférieure, et quelques communes de l'Ourthe.

Constitution physique.

L'aspect physique et la fertilité de la Flandre sont assez connus pour qu'il soit inutile d'en parler. Je rappellerai seulement que c'est un pays bas et uni; les plateaux les plus élevés règnent dans le voisinage de la Meuse, et n'ont pas 200 mètres au-dessus de la mer; le sol s'abaisse ensuite sur deux plans différens, l'un dirigé à l'Ouest, l'autre au Nord, en se rapprochant de la mer et de la Campine, et en se terminant par des plaines si basses, qu'on sait que l'art seul les préservé de l'inondation. La surface ne présente, en général, que de vastes plaines horizontales; il y a seulement vers le Sud-Est une chaîne de petites collines arrondies qui commence aux environs d'Audenarde (Escaut), et s'étend vers Bruxelles, Louvain et Maëstricht.

Constitution géologique.

Tout le sol de cette région appartient aux formations en couches horizontales; on y distingue le terrain-meuble, le grès blanc et le calcaire. Ce dernier y manifeste des modifications qui indiquent deux formations différentes, l'une est la chaux carbonatée grossière, l'autre la chaux carbonatée crayeuse.

Calcaire horizontal. Craie.

La craie ne se trouve en Flandre que dans une bande étroite qui règne le long des terrains plus anciens du Hainaut et du Condros, en s'étendant sur une longueur de 11 myriamètres vers les limites des départemens de la Meuse-Inférieure, de l'Ourthe et de la Dyle, depuis le canton d'Aubel (Ourthe) jusqu'à celui de Nivelle (Dyle).

Cette craie diffère, sous plusieurs rapports, de la véritable craie, et mériterait peut-être mieux d'être considérée comme une marne, nom sous lequel on la connaît dans le pays (1); elle est toujours tendre, friable, se délite et se pulvérise dès qu'elle est exposée aux influences météoriques; sa couleur est ordinairement blanchâtre; elle prend quelquefois une teinte bleuâtre qui est produite par le mélange de parties argileuses, et c'est alors une véritable marne; elle est toujours en couches parfaitement horizontales; elle se montre rarement au jour, étant constamment recouverte par un dépôt très-épais de terrain meuble. Le

(1) En patois, *marle*, *maye*, *môle*, etc.

pays qu'elle constitue, et qu'on connaît en grande partie sous le nom vulgaire de *Hesbaie*, est très-plat; mais sa surface n'est pas absolument horizontale et présente de petites ondulations. Cette chaux carbonatée est très-favorable à l'amendement des terres, aussi on l'exploite pour cet usage dans toute l'étendue où elle se rencontre, et les cultivateurs en font beaucoup de cas. On l'emploie encore dans les environs de Liége pour préparer une couleur analogue à celle connue à Paris sous le nom de *blanc de bougival*.

Ces couches crayeuses alternent avec quelques couches d'argile bleuâtre, peu employée dans les arts. On trouve dans leur intérieur des rognons ou masses pierreuses qui ne sont pas les mêmes dans toute la chaîne. Vers la partie septentrionale, c'est-à-dire, dans les départemens de l'Ourthe et de la Meuse-Inférieure, ce sont de véritables quartz agates pyromaques, semblables à ceux qui existent dans les craies de la Champagne, etc. Ils sont de même déposés sous la forme de rognons en lits horizontaux; on les emploie également comme pierre à briquet; ils passent, mais très-rarement, à la couleur blonde des belles pierres à fusil du département de Loire-et-Cher. Quartz agate pyromaque.

Les craies ou marnes de la partie méridionale du département de la Dyle ne contiennent plus de pyromaques, mais on y rencontre de grosses masses, formées communément d'un grès calcarifère qui passe quelquefois au calcaire grossier ou au grès pur. On emploie ces masses pour la bâtisse. Il existe aussi principalement, dans les environs de Nivelle, beau- Grès calcarifère.

coup de fragmens de grès analogues à ceux-ci, épars dans le terrain meuble ; il est probable qu'ils ont la même origine.

Fossiles.

Les corps organisés ne sont pas très-abondans dans les craies de cette région ; ils paraissent être les mêmes que ceux du bassin de Paris ; on y distingue spécialement des bélemnites.

Chaux carbonatée grossière.

La chaux carbonatée grossière forme une seconde chaîne à peu près parallèle à la bande crayeuse, qui s'étend des environs d'Audenarde (Escaut) jusqu'au-delà de Maëstricht. Quoiqu'elle soit, ainsi que la craie, recouverte par un dépôt assez épais de terrain meuble, son existence est annoncée à l'extérieur par l'aspect du sol qui présente de petites collines comme la plupart des autres pays de cette formation.

De Bruxelles.

Cette substance présente de grandes variations. En général, celle qu'on extrait dans les environs de Bruxelles, est assez cohérente pour être légèrement sonore et donner des pierres de taille aussi bonnes que celles de Paris : elle est ordinairement jaunâtre ; son tissu est grenu ; elle renferme quelquefois beaucoup de sable quartzeux. On voit notamment, au Sud de Bruxelles, des couches où les parties calcaires sont comme enfouies dans une masse sableuse ; d'autres fois elle se souille d'argile, et paraît même alterner avec des couches de marne ; on l'emploie pour la bâtisse et la fabrication de la chaux, tant sur les lieux qu'en Hollande où elle s'exporte par les canaux. Ces couches calcaires renferment beaucoup d'animaux fossiles.

Il paraît, d'après les descriptions de M. Burtin (1), que les nombreuses coquilles qui s'y trouvent sont analogues à celles du calcaire coquiller du bassin de Paris. Cet auteur cite aussi plusieurs animaux vertébrés, tels que des tortues et des poissons.

Calcaire de Maëstricht.

Le calcaire grossier des environs de Maëstricht n'est point aussi solide que celui de Bruxelles; cela n'empêche pas qu'il n'ait encore été plus exploité dans les tems anciens, ce qui provient probablement de la facilité du transport que procurait la Meuse. On connaît les immenses carrières de ce pays, semblables à des villes souterraines; la pierre qu'on en extrait est en général tendre et friable, et se dégrade aisément à l'air; sa couleur est jaunâtre; elle donne une si mauvaise chaux, qu'on ne l'emploie point à cet usage. Elle recèle, comme on sait (2), une grande quantité d'animaux marins; les coquilles y sont dans un état de conservation admirable; on y trouve plusieurs espèces de tortues et de grands ossemens qu'on avait rapporté au crocodile, mais que le savant qui a, pour ainsi dire, créé l'histoire des animaux fossiles, regarde comme appartenant à un genre différent.

Fossiles.

On trouve des rognons de quartz agate pyromaque dans les couches inférieures qui avoisinent le plus la craie; ils sont quelquefois

---

(1) *Oryctographie de Bruxelles*, 1784, *Maire.*

(2) *Voyez* l'*Histoire nat. de la Montagne Saint-Pierre*, par M. Faujas de Saint-Fond. Paris, an 7.

modelés en échinites ou autres corps organisés.

Le calcaire grossier de la Flandre plus récent que la craie.

Tout porte à croire que le calcaire grossier de la Flandre est, comme celui de Paris, plus récent que la craie. Cette opinion est d'abord attestée, pour Maëstricht, par la superposition de ce calcaire sur la craie, qui s'aperçoit facilement aux pieds des coteaux qui bordent la Meuse au Sud de cette ville. Quoique je ne connaisse point encore de preuve semblable pour le reste de la chaîne, des raisons d'analogie permettent de croire que le même ordre de chose y a lieu; car outre le rapprochement qui existe entre le calcaire des environs d'Audenarde, de Bruxelles, etc. avec celui de Maëstricht, on a vu que tout le long du Hainaut et du Condros, c'est la craie qui recouvre immédiatement les terrains plus anciens en couches inclinées, tandis que le calcaire grossier en est plus éloigné; ce qui me paraît suffire pour indiquer une formation postérieure.

Avant de quitter ce terrain, j'indiquerai un fait assez singulier, c'est que les anciennes constructions de Liége contiennent un calcaire grossier, d'un jaune foncé, qui est beaucoup plus solide que tous ceux qu'on extrait actuellement dans les environs de Maëstricht, endroit le plus rapproché où existe cette formation.

Grès blanc.

On trouve quelquefois au-dessus du calcaire horizontal, des plateaux recouverts de grands amas de sable de la formation du grès blanc; on en voit un, entre autre, dans les environs de Hall (Dyle), où il y a des sables de diverses couleurs, qui renferment, outre de

gros

gros blocs de grès blanc, d'autres corps qu'on pourrait désigner sous le nom de *grès fistuleux*, parce qu'ils se modèlent sous toutes sortes de formes, et que leur intérieur présente souvent un tuyaux creux. On cite encore une plaine de cette nature dans les environs de Jodogne (Dyle), qui fournit de très-beaux grès blancs; mais comme cette substance est plus abondante dans le Hainaut, je me réserve d'en parler ci-dessous.

La majeure partie de la région qui nous occupe, savoir, l'arrondissement de Dunkerque, le département de la Lys, celui de l'Escaut presqu'en entier, et quelques communes de la Dyle, ne présente point d'autres couches minérales que des amas de terrain meuble, principalement de sable quartzeux qui ressemblerait absolument à celui de la Campine, s'il n'était en général plus mélangé d'argile, et sur-tout si l'industrie infatigable des habitans n'avait soin d'y fournir des engrais, de la marne, etc. de manière que toute la surface est cultivée et ne présente presque pas de bruyères; on rencontre de tems en tems des indices du même grès ferrugineux que celui du canton de Béringen. Terrain meuble. Sables.

Dans la partie Sud-Est, au contraire, le terrain meuble, du moins la partie superficielle, est composée de cet heureux mélange de silice, d'alumine, de carbonate de chaux, et de terreau qui constitue les meilleures terres à culture. Il présente aussi des amas d'argiles qui sont employées à faire des briques, des tuiles, des carreaux et même des poteries. Argiles.

Les cailloux de quartz roulés sont assez com- Cailloux.

muns dans plusieurs cantons ; on en cite qui se rapprochent des agates cornaline et sardoine. On voit quelquefois de ces cailloux agglutinés de manière à former une brèche grossière (*pouding*).

Couche sableuse particulière.

L'examen de tous ces terrains meubles, considérés sous le rapport de la succession des dépôts et des corps organisés, serait fort intéressant. Tout ce que je puis indiquer, c'est qu'il paraît que les premières couches, savoir, celles qui ont suivi immédiatement la chaux carbonatée grossière, sont composées d'un sable quartzeux jaunâtre mélangé de calcaire, quelquefois un peu agglutiné en forme de grès tendre, et contenant une grande quantité de coquilles, la plupart voisines des huîtres, des cames, des vis, etc. Dans les départemens de l'Ourthe et de la Meuse-Inférieure, ces couches recèlent aussi beaucoup de quartz-agates, ordinairement jaunâtres, un peu translucides sur les bords, dont la cassure est imparfaitement conchoïde, quelquefois légèrement grenue, même cireuse. Ils ont quelque ressemblance avec les quartz-agates communs, ou meulières compactes des environs de Paris; mais ils s'en distinguent aisément par la propriété de ne jamais passer au tissu cellulaire. Ils sont en fragmens de diverses grosseurs qui ont souvent la forme d'une portion de calotte sphérique évasée en dedans; les angles sont en général assez rabattus, mais on reconnaît facilement que la plupart ne sont pas de véritables cailloux roulés. Le liquide qui a déposé, ou du moins transporté ce terrain, paraît s'être étendu plus loin que celui où se formait

Quartz-agates jaunâtres.

le véritable calcaire grossier; car on en trouve des indices, non-seulement sur le sol crayeux, mais encore au-dessus des formations inclinées. Le fait le plus intéressant de ce genre, est une colline composée de couches de ce terrain meuble très-abondant en quartz-agates jaunes, située au Sud de la ville d'Aix-la-Chapelle, et qui s'élève assez haut sur le terrain bitumifère.

On n'exploite aucun minerai métallique dans cette région. M. Burtin dit cependant, qu'il existe une mine de fer oxydé rubigineux au Sud-Est de Bruxelles, où elle forme un dépôt superficiel de plus de deux myriamètres de circonférence. Métaux.

La tourbe est très-abondante, principalement dans la partie maritime du département de la Lys; on l'emploie non-seulement comme combustible, mais ses cendres, connues sous le nom vulgaire de *cendres de mer*, sont extrêmement recherchées par l'agriculture. Les bois fossiles ou lignites s'y trouvent aussi enfouis dans les sables et les argiles. On cite principalement un grand dépôt de ce genre trouvé à Ælteren (Lys); ils paraissent provenir de végétaux différens de ceux qui existent actuellement dans le pays. Tourbe. Lignite.

## TROISIÈME RÉGION.

### LE CONDROS.

La région que nous allons examiner, appartient exclusivement à la formation que j'ai ap- Démarcation.

pelée *bituminifère ;* elle a la forme d'un trapèze irrégulier, long d'environ 13 myriamètres, et plus large à sa base qu'à son sommet. Elle est bornée au Nord-Est par la ligne de démarcation que j'ai assignée à la Flandre, prise du canton de Dhuy (Sambre-et-Meuse), à celui de Rolduc (Meuse-Inférieure), au Nord par la Campine, prise des environs de Rolduc, à ceux de Juliers (Roër) ; de là on décrit, pour la séparer de l'Ardenne, une ligne dirigée au Sud-Ouest, passant par les environs d'Eupen, Theux (Ourthe), Durbuy, Rochefort (Sambre-et-Meuse), et Givet (Ardennes). On remonte ensuite au Nord en suivant le cours de la Meuse jusqu'à Namur, et en prolongeant cette direction jusqu'à l'extrémité du canton de Dhuy. Cette circonscription embrasse la moitié du département de Sambre-et-Meuse, plus d'un tiers de l'Ourthe, une petite portion de la Roër, et quelques communes de la Meuse-Inférieure.

Dénomination.

Elle renferme des pays connus dans l'usage vulgaire, sous diverses dénominations qui auraient également pu servir à désigner le canton géologique que je viens de tracer ; j'ai préféré celle de *Condros*, parce qu'elle est appliquée à la portion la plus considérable, et qu'elle est la plus ancienne ; car César appelait déjà *Condrusi* un peuple qui paraît avoir habité cette même contrée.

Constitution physique.

Ce pays est très-différent de la Flandre et de la Campine ; il est varié par une foule de collines, et arrosé par une multitude de petites rivières, de jolis vallons bordés de rochers escarpés, une surface qui présente des terres labourables, des prairies, de petites forêts, etc.

lui donnent un aspect très-pittoresque; mais c'est un sol de médiocre culture, excepté la vallée étroite où coule la Meuse : on y trouve peu de terres véritablement fertiles; dans plusieurs endroits, les rochers sont à peine recouverts d'une légère couche de terrain meuble.

L'élévation de cette région est intermédiaire entre celle de l'Ardenne qui règne à l'Est, et celle de la Flandre qui s'étend à l'Ouest; en général tous les plateaux du Condros ont une hauteur d'environ 350 mètres.

Deux espèces de vallées.

Le relief du pays peut être considéré comme un vaste plateau qui est sillonné par un nombre infini de vallées. Quand on a examiné ces vallées avec attention, on reconnaît qu'elles appartiennent à deux modifications différentes : les unes, qu'on pourrait appeler *longitudinales*, sont droites, larges, peu enfoncées, bordées de coteaux en pentes douces, et dirigées régulièrement du Nord-Est au Sud-Ouest, en faisant sur le parallèle un angle d'environ 35 deg., ce qui divise toute la surface en collines longues et étroites. Nous verrons tout-à-l'heure que cette structure est en rapport avec la constitution géologique. Mais ces collines et ces vallées sont elles-mêmes rompues et déchirées par d'autres vallées beaucoup plus profondes, irrégulières, tortueuses, dirigées en tout sens, et qui servent ordinairement d'écoulement aux rivières. Les catastrophes qui ont donné naissance à ces dernières vallées, et qui paraissent avoir consisté dans l'action érosive d'un liquide, ont tellement agi sur la partie septentrionale de ce pays qui aboutit aux plaines de la Roër, qu'on n'y reconnaît presque plus les vallées longitudinales. Le même effet a encore lieu dans les parties basses qui avoisinent la Flandre.

Constitution géologique.

La constitution géologique de cette région est très-remarquable ; toutes les couches y sont non-seulement plus ou moins inclinées, mais on en voit à chaque instant de contournées, de repliées les unes sur les autres, de bouleversées en tout sens ; tout annonce qu'elles ont été agitées par des révolutions promptes et violentes. Cependant, au milieu de tant de confusion, on reconnaît que ces couches ont une direction commune du Nord-Est au Sud-Est, à peu près semblable à celles des vallées longitudinales. Il résulte de cette structure, que le pays est partagé dans toute sa longueur en *chaînes minérales* ou systèmes de couches dans lesquelles on reconnaît le même arrangement et la même nature d'une extrémité à l'autre. Ces chaînes ne sont cependant pas absolument parallèles, car, par exemple, une chaîne métallifère qui règne au Sud-Est et une chaîne houillère qui s'étend au Nord-Ouest, divergent tellement, que quoiqu'elles se joignent dans leur commencement, elles sont éloignées de plus de quatre myriamètres dans la partie méridionale de la région : quelquefois aussi ces chaînes sont interrompues en tout ou en partie, mais on les retrouve toujours à une certaine distance.

Nature des couches.

Avant de parler de la disposition de ces différentes chaînes, je vais faire connaître d'une manière générale les couches qui constituent le pays ; elles se rapportent principalement à trois espèces différentes, la chaux carbonatée, le quartz et le schiste. Parmi les couches subordonnées, les plus remarquables sont la houille, le fer oxydé et l'argile ; mais toutes ces roches, ainsi que je l'ai observé d'une manière générale dans l'introduction, se confondent continuellement les unes dans les autres : cette confusion a principalement lieu entre les roches quartzeuses et schisteuses ; leur mélange est si fréquent et si intime, qu'il est impossible d'établir une coupe nette entre ces deux espèces (1).

Chaux carbonatée bituminifère.

La chaux carbonatée du terrain bituminifère, est en général imprégnée du principe qui m'a porté à appliquer son nom à toute la formation ; ce qui lui donne une couleur ordinairement bleuâtre, mais qui varie du gris au noir selon que la proportion de bitume est plus ou moins considérable. Son tissu est souvent compacte, quelquefois grenu et lamellaire : dans le premier cas, la cassure est conchoïde ; dans les deux autres, elle est droite ; sa dureté est telle qu'elle étincelle quelquefois sous le briquet, principalement dans la variété grenue qui l'emporte à cet égard sur la compacte : on peut la considérer comme un véritable marbre ; elle renferme beaucoup de corps organisés ; mais ce sont de ces animaux anciens de genres inconnus, tels que des ammonites, des térébratules, etc. Aussi elle a tous les caractères du calcaire de transition des auteurs allemands. Elle existe en couches souvent très-puissantes,

(1) C'est au point que dans plusieurs cantons les ouvriers n'ont point de termes pour les distinguer, et qu'ils appellent également *agaize*, *agazhe*, *agôche* les schistes et les grès ; il n'y a que les mineurs de houille qui établissent la différence, et réservent ces noms aux schistes argileux.

quelquefois très-feuilletées, et présente un grand nombre de ces cavités et de ces grottes souterraines qui paraissent se trouver exclusivement dans le calcaire ancien. Cette chaux carbonatée bituminifère jouit de propriétés qui la rendent très-propre à une foule d'usages économiques; c'est d'abord une des meilleures pierres de taille qu'on connaisse, elle réunit la plus grande solidité à la qualité de se laisser travailler facilement: quand elle contient assez de bitume pour avoir la couleur bleue-foncée, et qu'elle a le tissu compacte, on en fait des carreaux qui reçoivent très-bien le poli: quand la proportion de bitume augmente encore, on obtient un marbre noir magnifique: ce principe augmente quelquefois à un tel point, que la masse ressemble à un lignite, et brûle même pendant un certain tems sur des charbons, ce qui a souvent induit en erreur dans des recherches de houilles, d'autant plus que le calcaire feuilleté est quelquefois absolument semblable au schiste argileux des houillères; j'en ai vu même qui avait cette couverte luisante qu'on remarque dans quelques-uns de ces schistes.

C'est une pierre à chaux excellente, ce qui paraît provenir de sa force de cohésion.

Comme pierre à chaux, ce calcaire l'emporte éminemment sur celui des autres formations environnantes, et nous fournit une preuve bien forte en faveur de l'opinion d'Higgins, rapportée dans la *Chimie* de M. Chaptal, qui attribue la bonté de la chaux à la dureté de la pierre qui a subi la calcination. En effet, nous voyons le calcaire bituminifère toujours plus dur que le calcaire horizontal donner une chaux beaucoup plus estimée. Mais en outre les chaufourniers et les maçons distinguent très-bien la chaux faite avec la variété compacte, de celle provenant de la variété grenue; ils préfèrent cette dernière; et on a vu ci-dessus, que cette pierre grenue était plus dure que l'autre. De plus, les chaufourniers rejettent de leurs fours les masses de chaux carbonatée cristallisée, parce que, disent-ils, elles donnent une mauvaise chaux; sur quoi il est bon d'observer que ces cristaux facilement divisibles dans le sens de leurs joints naturels, jouissent de beaucoup moins de force de cohésion que les masses amorphes.

Ces couches de calcaire bituminifère renferment des parties privées de bitume ordinairement douées de formes cristallines; on y voit principalement des masses de chaux carbonatée laminaire, ordinairement blanche, rarement limpide, dans lesquelles la division mécanique peut obtenir des rhomboïdes presque aussi beaux que ceux d'Islande; quelquefois ces parties blanches forment dans la pierre des espèces de filets plus ou moins épais qui s'entrelacent en tout sens avec la pâte bleuâtre, et donnent naissance aux *marbres gris et blancs*. Il y a aussi beaucoup de géodes tapissés de cristaux, dans lesquels on remarque le plus communément les variétés métastatique, dodécaèdre, inverse, équiaxe, lenticulaire, etc. Une circonstance assez remarquable, c'est que les cristaux sont plus abondans dans les couches impures que dans les autres. Les formes concrétionnées sont aussi très-communes : on trouve notamment, entre certaines couches, des infiltrations qui ressemblent à des copeaux minces de bois de sapin, et qu'on pourrait, d'après cela, appeler *chaux carbonatée ligniforme*. Les grottes sont remplies de stalactites, quelquefois d'une belle transparence. Quoique ces couches calcaires se conservent en général plus pures que celles de schistes et de quartz, elles se chargent aussi des élémens de ces dernières roches, ce qui présente une série de nuances diverses. Lorsque c'est le sable qui entre dans le mélange, on obtient une pierre *quartzifère* qui est recherchée pour paver les routes. La combinaison avec l'argile produit quelquefois une matière si tendre, qu'on peut l'employer comme *marne* à l'amendement des terres. Il arrive quelquefois que le bitume cède sa place à l'oxyde de fer qui colore en rouge; souvent dans ce cas il y a un mélange de différentes pâtes qui forme des *marbres rouges, gris et blancs*. Presque toutes les couches de calcaire bituminifère recèlent des rognons de quartz-agate noir, qui ont tous les caractères du *lydischerstein* des auteurs allemands : on y trouve aussi de tems en tems du fer sulfuré, de la chaux fluatée violette et de l'anthracite.

Roches quartzeuses. Quartz grenu.

Les roches quartzeuses de cette formation présentent des quartz grenus, des grès et des brèches : les premiers sont assez rares, ils se confondent presque toujours avec le grès; il y en a cependant qui sont si voisins du tissu compacte, que leur cassure est cireuse, leurs couleurs sont toujours pâles, ce sont le grisâtre, le jaunâtre, le verdâtre, le bleuâtre, etc.; ils forment des couches quelquefois très-épaisses et quelquefois très-feuilletées : on les emploie concurremment avec le grès pour faire des pavés.

Les grès de ce terrain ont communément les caractères des *grauwackes* des auteurs allemands ; ils ont en général les mêmes couleurs et les mêmes dispositions dans leurs couches que les quartz grenus ; mais, ainsi que je l'ai déjà indiqué, ils se mêlent si fréquemment avec les schistes, qu'on ne peut presque pas les en séparer, et qu'ils présentent une infinité de variations. Il est très-rare de trouver ces grès réduits à leur véritable expression, c'est-à-dire, composés uniquement de quartz agglutiné ; ils sont toujours plus ou moins argileux, ordinairement micacés, souvent aussi feuilletés que les schistes, et se divisent quelquefois en fragmens rhomboïdaux. Il arrive aussi que ces grès perdent leur force de cohésion et se *pourrissent*, selon l'expression des ouvriers, alors on les exploite comme sable. On trouve notamment dans un endroit dit le *Chêne-à-la-Porte*, canton de Herve (Ourthe), une sablière de ce genre, qui est très-remarquable, d'abord parce qu'on y voit des grès de cette formation, aussi purs et aussi blancs que le plus beau grès blanc connu ; ensuite parce qu'on y exploite des couches verticales de sable, ce qui paraît un paradoxe. On se sert de ces grès pour faire des pavés, des meules à aiguiser, des pierres de taille, des moellons, des carreaux, etc. Grès.

Les brèches ne sont pas aussi communes que les grès, les fragmens qui les composent sont en général anguleux et très-rarement arrondis ; ils sont de différentes couleurs, blancs, rougeâtres, grisâtres et même noirs. Ces derniers, qui appartiennent au *kiesel-schiefer* des auteurs allemands, semblent un caractère propre Quartz-brèche.

à distinguer les brèches de cette formation; car je ne me rappelle pas d'en avoir vu dans celles des terrains d'ardoise et de grès rouges. Ces fragmens sont ordinairement agglutinés si fortement, qu'ils constituent une pierre très-solide, et ce qu'il y a de remarquable, c'est que souvent on n'y aperçoit aucun ciment; de sorte que l'adhérence paraît résulter du contact immédiat des fragmens, qui sont aussi quelquefois enfermés dans une pâte plus ou moins pure, selon que la brèche passe au grès ou au schiste; c'est principalement avec les schistes rouges que ce passage a lieu; ces brèches sont employées dans les arts à faire des chemises de hauts fourneaux, des meules de moulin, des pavés, etc.

On trouve beaucoup de brèches en blocs isolés sur la surface, et j'avais même douté quelque tems qu'elles existassent en couches inclinées; mais des observations plus étendues m'ont prouvé qu'elles forment des couches parallèles aux autres roches du pays; elles se trouvent aussi en filon ou failles très-considérables qui traversent toutes les autres couches. Il y a un filon de ce genre à Pepinster, canton de Spa (Ourthe), qui est remarquable par la manière dont il a résisté à l'action érosive du liquide qui a creusé la vallée de la Vesdre; de sorte qu'il se présente des deux côtés comme un mur vertical qui aurait barré le cours de la rivière perpendiculairement à sa direction, et dont les débris s'élèvent encore sur les pentes qui bordent la vallée.

Quartz schisteux noir.

Le quartz schisteux noir ou *kiesel-schiefer*

forme aussi des couches; mais elles sont si rares et se confondent si promptement avec les schistes argileux, qu'on doit les regarder comme des couches subordonnées; du reste, toutes ces roches quartzeuses renferment de petits filons de quartz hyalin laminaire ou compacte, blanc ou limpide, et des géodes tapissées de cristaux.

Schiste argileux.

Les schistes sont tout aussi communs et aussi variés que les grès; ils appartiennent en général à la variété argileuse de M. Brongniart: ils se divisent en petits feuillets qui diffèrent du schiste ardoise, parce que dans ce dernier la cassure est toujours schisteuse quelque petit que soit le fragment, tandis que dans le schiste argileux les feuillets réduits à une épaisseur qui varie selon les couches, ne présentent plus qu'une cassure droite, et forment de petits solides terminés par des lignes droites, qui sont quelquefois des rhomboïdes; de sorte qu'on peut dire que cette variété n'a la cassure schisteuse qu'en grand, mais qu'en petit sa cassure est droite. Ce schiste est toujours si tendre, ou du moins s'altère tellement aux influences météoriques, qu'il n'est propre à aucun usage économique.

Il est presque impossible d'établir parmi ces schistes d'autres modifications que celles dépendantes de la couleur qui est aussi très-variable, mais qui présente communément le gris, le jaune, le rougeâtre et le noirâtre: ces dernières sont en général voisines des couches de houille, et doivent leur couleur au bitume dont ils sont imprégnés (schiste argileux bitumineux).

Les schiste argileux ne se confondent pas seulement avec les grès et la chaux carbonatée, mais ils passent aussi à une véritable argile. Je crois cependant que ces argiles en couches inclinées sont peu employées dans les arts, et que celles dont on fait usage appartiennent aux dépôts superficiels. Les êtres organisés se trouvent aussi dans les couches schisteuses et quartzeuses, mais les débris d'animaux y sont moins abondans qne dans le calcaire: celles qui avoisinent les houilles sont remplies de végétaux. Le fer sulfuré y est assez fréquent, principalement dans le voisinage des mines.

Chaîne intermédiaire entre les ardoises et le terrain bituminifère.

Le terrain du Condros est adossé au Sud-Est sur les ardoises des Ardennes; mais on ne peut presque pas établir la ligne de démarcation. On trouve toujours entre les ardoises et la chaux carbonatée des couches quartzeuses et schisteuses qui semblent appartenir autant à une formation qu'à l'autre; elles se rapprochent du terrain ardoisier, parce qu'on n'y voit pas de corps organisés: elles ont du rapport avec le terrain bituminifère, parce qu'on trouve au milieu de ce dernier une seconde chaîne composée à peu près des mêmes substances. Cette première chaîne s'élève toujours plus haut que le véritable terrain bituminifère, et n'atteint cependant pas la plus grande hauteur des ardoises. On la voit régner tout le long de la région qui nous occupe, comme une côte élevée et continue; elle est très-remarquable par l'uniformité et la régularité qu'on observe dans toute sa longueur, qui est de près de 13 myriamètres. Immédiatement après les ardoises, dont les dernières couches sont toujours très-altérées, commencent les quartz grenus communément jaunâtres, qui passent ensuite au grès et aux brèches qui alternent avec le schiste argileux. Parmi ces dernières couches, ce qu'il y a de plus remarquable est un terrain rouge, où l'oxyde de fer est si abondant, que tout en est fortement imprégné; il est formé d'alternatives de schistes, de grès et de brèches : d'un côté on voit ces schistes qui passent à l'ardoise rouge, de l'autre ils se confondent avec les schistes argileux; on est étonné, entre autres, de la liaison qui les unit avec le schiste verdâtre : car au milieu des feuillets rouges, on voit des taches verdâtres qui deviennent toujours plus communes, jusqu'à ce qu'on trouve des couches tout-à-fait verdâtres qui alternent quelque tems avec les couches rouges, et finissent par passer ensuite à un terrain gris que nous allons voir tout-à-l'heure. Du reste, le schiste rouge se confond aussi avec le grès et la brèche : ces dernières forment un des caractères les plus tranchés de cette chaîne transitoire; elles existent non-seulement en couches, mais on les trouve en blocs énormes à la surface; elles sont exploitées dans plusieurs endroits, notamment à Polleur, canton de Spa (Ourthe), et près de Gressenich, canton d'Echsweiller (Roër).

La seule différence que j'aie pu remarquer dans toute cette chaîne, c'est que vers son extrémité septentrionale, dans le département de la Roër, la couleur rouge est moins fréquente : on y voit beaucoup de brèches et de grès entièrement blancs; les meules de Gressenich, entre autres, sont formées d'une pâte de grès blanc qui renferme des fragmens de quartz hyalin laiteux, arrondis en forme de petites billes. C'est aussi dans ce canton que les fragmens de quartz noir (*kiesel-schiefer*) sont les plus abondans dans ces brèches.

Première chaîne du terrain bituminifère.

Immédiatement après cette chaîne transitoire commence la première chaîne de chaux carbonatée bituminifère, qui a des caractères particuliers qui suffiraient pour la faire reconnaître, quand bien même elle ne longerait pas l'Ardenne. Le calcaire y alterne avec le schiste argileux gris, au lieu du schiste et du grès jaune, que nous verrons dans les autres chaînes; il présente un grand nombre de grottes ou cavernes souterraines. Il est inutile de donner une description de ces cavernes; elles ressemblent à celles d'Allemagne, de Grèce, etc. qu'on connaît si bien : ce sont également des cavités plus ou moins grandes formées dans le calcaire, tapissées de stalactites, qui communiquent entre elles par des couloirs. La plus remarquable est celle de Han, canton de Rochefort (Sambre-et-Meuse), par le moyen de laquelle la rivière de Lesse traverse une colline assez élevée. J'observerai seulement à cet égard, que ce fait ne contrarie point l'hypothèse que le creusement des vallées de nos rivières est dû à l'érosion d'un liquide beaucoup plus abondant que celui qui existe actuellement; car on voit ici la vallée de la Lesse se prolonger autour de la colline, et lors d'une crue subite de la rivière, une partie des eaux continue à suivre cette vallée, en reprenant ce qu'on pourrait appeler leur ancien lit.

Grottes.

Le

Le schiste de cette chaîne, que j'ai dit être presque toujours gris, a beaucoup de liaison avec le calcaire; on le voit devenir effervescent et bleuâtre; alors il renferme souvent des rognons de véritable calcaire. De leur côté les couches de chaux carbonatée deviennent feuilletées et argileuses, etc. Quoique tout le terrain soit formé de l'alternative de ces deux ordres de couches, les schistes éprouvent une espèce de renflement entre Marche (Sambre-et-Meuse), et Givet (Ardennes), qui produit une petite chaîne schisteuse où le calcaire est très-rare.

Liaison entre le schiste gris et le calcaire.

Mais le caractère le plus important de cette chaîne est sa grande abondance en minerais métalliques. Dès son commencement vers le Nord, où elle joint le terrain à houille, nous trouvons de nombreuses mines de zinc, de fer et de plomb. Je ne m'étendrai pas sur ces exploitations qui ont été décrites par MM. Baillet et Duhamel (1), avec cette exactitude qui caractérise les travaux de ces savans ingénieurs: il y a plusieurs mines de zinc oxydé dans les cantons d'Echsweiller (Roër), Limbourg et Eupen (Ourthe); mais la plus belle de toutes, qui est en même-tems la plus riche de la France, est celle de la Vieille-Montagne, canton d'Aubel (Ourthe): c'est un immense dépôt ou filon, peut-être même une couche presque superficielle de ce précieux minerai. La masse principale a un aspect terreux jaunâtre; elle est remplie de petites géodes tapissées de cristaux limpides ou blancs, en pointes d'octaèdres.

Mines de zinc de la Vieille-Montagne, etc.

(1) *Journal des Mines*, n°. 13, p. 43, n°. 58, p. 194.

Mines de plomb et de fer des cantons d'Echsweiller, etc.

Le plomb sulfuré et quelquefois même le plomb carbonaté, suivant M. Duhamel, accompagnent ordinairement le zinc oxydé, mais il est peu abondant. Il n'en est pas de même des mines de fer qui forment une partie importante des produits économiques de ces cantons. Le minerai est en général du fer oxydé rubigineux géodique, accompagné de parties ocreuses jaunes. On sait aussi que c'est dans le voisinage de ces mines que se trouvent les eaux hydro-sulfureuses et thermales d'Aix-la-Chapelle et de Borcette, qui sont connues de tout le monde.

Mines de fer de Teux et de Ferrières.

En continuant à suivre cette chaîne vers le Sud, on trouve les mines de fer des environs de Theux et de Ferrières (Ourthe), où le minerai est si abondant, qu'il forme de véritables couches qui sont souvent au point de jonction des couches calcaires et schisteuses; c'est toujours du fer oxydé rubigineux. Dans les dernières, on voit des échantillons irisés ou gorge de pigeon; dans celles des environs de Theux, il y a de magnifiques morceaux mamelonés, et des quartz cariés si légers qu'ils flottent sur l'eau.

Mines de Rochefort.

Toute cette chaîne renferme des minerais de fer; mais je ne citerai plus que les mines de Rochefort (Sambre-et-Meuse), remarquables par la variété des substances qu'elles contiennent. Ces mines sont en général formées de filons qui coupent à angles droits les couches calcaires dirigées du Nord-Est au Sud Ouest. Il y a eu des exploitations de plomb actuellement abandonnées, mais on extrait encore de ce métal dans les mines de fer, et on le vend brut aux potiers; c'est du plomb sulfuré laminaire à grande facette, quelquefois très-nettement cristallisé. Le minerai de fer est encore ici, comme dans les autres parties, du fer oxydé rubigineux; il est accompagné de masses noirâtres pulvérulentes, qu'on prendrait au premier aspect pour du manganèse oxydé, mais qui (sur cent parties) contiennent, d'après l'analyse qu'en a faite mon ami, le docteur Delvaux :

| | |
|---|---|
| Oxyde de fer noir. . . . . | 24 |
| Oxyde de plomb. . . . . . | 16,4 |
| Oxyde de manganèse. . . . | 14 |
| Silice. . . . . . . . . . | 11 |
| Chaux. . . . . . . . . . | 9,6 |
| Alumine. . . . . . . . . | 4 |
| Eau et acide carbonique (ce dernier est combiné avec la chaux). | 20 |
| Perte. . . . . . . . . . | 1 |

Cette poudre noire colore non-seulement le minerai de fer, mais encore les cristaux de chaux carbonatée qui sont très-abondans dans ces filons : ils ressemblent alors à du fer carbonaté; d'autre fois cette chaux carbonatée, fortement colorée, appartient à la variété lamellaire : alors on croirait voir de l'amphibole. Enfin on dirait que tout dans ce terrain doit tendre des piéges à l'œil du minéralogiste, car les masses de fer oxydé présentent, dans leur intérieur, des parties de fer sulfuré, dont la couleur rappelle celle du bismuth; mais l'analyse n'y a montré à M. Delvaux que le fer et le soufre dans les proportions assignées au fer sulfuré radié. Les couches calcaires elles-mêmes participent quelquefois de la nature métallique de ce pays : on en trouve d'une couleur foncée, rougeâtres à l'extérieur, noirâtres à l'intérieur, très-sonores, qui contiennent beaucoup de fer, et qui se vitrifient au feu au lieu de se calciner. M. Delvaux a observé dans ces mines des fragmens de manganèse oxydé pur et du fer oligiste cristallisé.

Marbres.

Les métaux ne forment pas les seuls produits de cette chaîne ; on y a, entre autres, exploité plusieurs carrières de marbre : la plus célèbre est celle de Theux, qui fournit un marbre noir de toute beauté, et peut-être le meilleur qu'on connaisse. Les travaux long-tems suspendus ont été repris avec activité depuis un couple d'années. Les marbres rouges, blancs et gris de Saint-Remy, près Rochefort, ont eu une très-grande vogue ; mais à présent on préfère les marbres gris et blancs du Hainaut, et la carrière est abandonnée. Il y en avait encore d'analogues, mais d'une qualité inférieure, à Limbourg.

Corps organisés.

Cette première chaîne bituminifère, outre sa position adossée à des terrains où l'on ne trouve pas de corps organisés, a d'autres caractères qui annoncent aussi qu'elle a précédé les chaînes qui la suivent ; les débris d'animaux y sont cependant de même nature, mais leur répartition est différente ; les mollusques y sont rares, et les zoophytes extrêmement abondans.

Chaînes centrales du Condros.

Les chaînes suivantes, qu'on pourrait presque appeler *chaînes centrales du Condros*, présentent moins d'intérêt ; elles sont formées de couches de chaux carbonatée, de grès et de schiste argileux, ordinairement très-inclinées ou presque verticales, qui sont disposées de manière qu'après une certaine épaisseur de couches calcaires, vient une alternative de cette substance

Disposition remarquable des couches.

avec le schiste et le grès, puis des couches de grès et de schistes seuls, recommencent ensuite les alternatives qui sont suivies par le calcaire, et ainsi successivement. Or ce qu'il y a de plus remarquable, c'est que le pays étant divisé, comme je l'ai dit ci-dessus, par des vallées longitudinales, le milieu de ces vallées correspond au système des couches calcaires, et le sommet des collines situées entre les vallées, à celui des couches de grès et de schistes. Ce fait est encore plus étonnant, quand on observe que dans les vallées irrégulières et profondes où coulent les rivières, le calcaire a toujours été le plus résistant, et qu'il constitue des escarpemens perpendiculaires, tandis que le schiste et le grès se sont arrondis en pentes douces.

Les schistes argileux de cette partie ont une apparence jaunâtre : il paraît cependant que c'est un état d'altération superficielle, car à une certaine profondeur ils sont grisâtres ou verdâtres.

Indices de houille.

Il y a dans ces chaînes plusieurs indices de houille ; un seul endroit a offert une exploitation avantageuse ; c'est la colline de Bois, canton de Havelange (Sambre-et-Meuse), où il y a trois ou quatre couches qui arrivaient au jour et qu'on a exploitées jusqu'au niveau des eaux. Le défaut de galerie d'écoulement et de machine d'épuisement a forcé de les abandonner. Il est inutile de dire que dans cette colline, comme dans tous les endroits où il y a des indices de houille, le schiste jaune est remplacé par le schiste noir.

Marbres de Dinant.

Les marbres de Dinant (Sambre-et-Meuse)

appartiennent encore à ces chaînes ; on trouve près de cette ville des marbres d'un aussi beau noir que celui de Theux ; mais les artistes préfèrent ce dernier, parce qu'il est plus facile à sculpter que celui de Dinant, qui est, comme ils disent, *sec*, et se casse en éclat conchoïdes. On fait dans cette ville un commerce important de carreaux de cette substance ; on y exploite des couches calcaires qui se divisent en feuillets aussi minces que des ardoises.

Quartz noirs.

Les vallées longitudinales de ces chaînes présentent beaucoup de quartz-agates noirs (*kieselschiefer*), semblables à ceux qui sont engagés dans les couches calcaires, dont ils paraissent avoir été séparés par une cause quelconque. On trouve aussi près de Ciney et de Furfooz, canton de Dinant (Sambre-et-Meuse), d'autres quartz-agates très-remarquables ; ils ont une teinte blanchâtre dans le genre des quartz molaires de Paris, mais ils présentent une immense quantité de débris d'animaux, principalement d'enthrochites (1). La manière dont ces quartz se trouvent sur le sol, dans une terre argileuse, la forme non-roulée de leurs fragmens, qui se seraient facilement brisés, et l'espèce de passage qu'on y voit quelquefois avec les quartz noirs, me font supposer qu'ils proviennent aussi des couches calcaires, quoique je n'en aie pas encore vus d'engagés dans ces roches.

Quartz modelés en enthrochites.

Chaîne analogue à celle qui onge l'Ardenne.

Entre ces chaînes et le terrain houiller, on trouve une chaîne étroite, mais assez continue,

(1) La collection du Conseil des Mines possède des minéraux absolument semblables qui ont été rapportés du Hartz. (*Catalogue*, n°. 770.)

qui présente quelques roches analogues à celles que nous avons vues entre les ardoises et le calcaire bituminifère : ce sont des grès qui deviennent si compactes, qu'on doit les appeler des quartz grenus, des brêches, et même jusqu'à des schistes rouges. Les brèches sont absolument semblables à celles de la première chaîne ; on les emploie de même à faire des chemises de hauts fourneaux. Il paraît qu'elles se lient quelquefois avec les grès grisâtres à empreintes de végétaux qui accompagnent les couches de houille. Ces brèches n'annoncent point ici un changement de formation : on retrouve de chaque côté le même terrain ; mais il serait néanmoins possible qu'elles appartinsent à la même époque que les couches de transition qui longent l'Ardenne. Cette chaîne contient aussi des minerais métalliques : il y a notamment des filons remarquables à la Rochette, canton de Fléron (Ourthe) ; on y a exploité le plomb et le fer sulfuré : ce dernier n'était employé qu'à la préparation du soufre. Ces exploitations sont abandonnées depuis long-tems ; les gangues du plomb sulfuré étaient remarquables : ce sont du quartz, soit noirâtre, soit limpide et cristallisé, de la baryte sulfatée limpide où l'on trouve encore des cristaux très-bien prononcés et de la chaux carbonatée. Dernièrement, dans une exploitation de fer oxydé jaune peu éloignée du filon de plomb, on a trouvé abondamment de la baryte sulfatée concrétionnée, d'un gris-jaunâtre à l'extérieur qui passe au brun dans l'intérieur.

Mines de la Rochette.

Baryte sulfatée, cristallisée et concrétionnée.

Le terrain houiller est plutôt formé d'une série de petits bassins, placés à une certaine

Terrain houiller ; sa division en bassins.

distance les uns des autres, que d'une véritable chaîne, semblable à celle que nous venons d'examiner. On verra que cette série, qui se manifeste déjà en Allemagne, s'étend de la Roër jusqu'au Pas-de-Calais. Il y a quatre de ces bassins principaux dans la région qui fait le sujet de cet article, et on peut les distinguer par les noms des villes qui les avoisinent, savoir : Aix-la-Chapelle, Liége, Huy et Namur.

Je n'entreprendrai pas la description de ces mines de houilles : plusieurs bons ouvrages, notamment ceux de MM. Jars, Gennetté, Morand, Duhamel (1), etc. les ont déjà fait connaître, et je me bornerai à indiquer quelques faits principaux.

Idée générale des houilles de ce pays.

Les houilles de ce pays existent en couches dont l'épaisseur est très-variable : on en cite de plus de deux mètres, et quelquefois elles ne forment que des indices. On sait que ces couches sont inclinées, repliées, renversées en tous sens, traversées par des failles, etc. Quoiqu'il y ait des couches de chaux carbonatée dans le voisinage des houilles, jamais (du moins de ma connaissance) le combustible ne pose dessus ou dessous cette substance, c'est toujours avec le schiste et le grès qu'il alterne. Les couches schisteuses qui approchent le plus de la houille, sont imprégnées de la matière charbonneuse qui leur communique une

(1) On verra aussi dans le tableau intéressant que M. Lefèvre a donné de toutes les mines de houilles de la France, quels sont les produits de celles de ces départemens, *Journal des Mines*, nos. 71 et 72.

couleur foncée qui les fait quelquefois confondre avec le combustible ; d'autres fois ces schistes deviennent si tendres, qu'on les considère comme une véritable argile. Les grès participent aussi de la couleur grisâtre ou noirâtre des schistes ; ils sont souvent l'un et l'autre parsemés de paillettes de mica.

Toutes ces couches, principalement les schistes qui servent de toît aux houilles, présentent une infinité de ces empreintes de végétaux inconnus qui, comme on sait, ont quelques ressemblances avec des palmiers, des roseaux, des fougêres, etc. Il est bien probable que ce terrain houiller rempli de végétaux, n'a point été formé sous les mêmes circonstances que les couches calcaires qui abondent en débris d'animaux marins. J'avais eu envie d'indiquer cette différence, en établissant deux formations ; mais j'ai dû renoncer à cette idée, lorsque j'eus reconnu qu'il était impossible de saisir aucuns caractères qui pussent servir à distinguer un système de formation particulière. Les schistes et les grès des houillères, lorsqu'ils ne sont pas noircis par le bitume, sont absolument les mêmes que ceux des terrains voisins ; partout on voit les couches calcaires entourer, et pour ainsi dire, traverser les bassins houillers ; enfin je crois qu'on ne peut pas révoquer en doute que toutes les couches que je réunis dans cette formation, n'aient au moins éprouvé simultanément les catastrophes, d'où dépendent la position inclinée de leurs couches. Ces houilles appartiennent en général à la variété feuilletée (*schiefer-kohle* des auteurs allemands) : leur tissu présente cependant beaucoup de variations ; il en est qui sont presque compactes, d'autres qui ressemblent au fer oligiste laminaire ; quelquefois aussi elles ont la forme terreuse et pulvérulente ; toutes sont d'un noir assez foncé ; la plupart sont éclatantes ; il en est qui ont le brillant métallique ; leurs qualités sont très-variables : on trouve des nuances depuis les houilles les plus grasses et les plus bitumineuses, jusqu'à la sécheresse, et, pour ainsi dire, l'incombustibilité de l'anthracite : la plupart contiennent du fer sulfuré, soit en rognons, soit en dendrites : on sent bien que la présence de cette substance nuit à leurs qualités.

Bassin d'Aix.

Le terrain houiller d'Aix est formé de deux bassins particuliers, l'un se trouve dans le canton d'Echsweiller, l'autre s'étend vers Rolduc, partie sur le territoire de la Roër, et partie sur celui de la Meuse-Inférieure : ces deux exploitations sont très-importantes ; la houille qu'elles produisent n'est point en général fort grasse.

Bassin de Liége.

Le bassin de Liége est plus étendu ; sa longueur est de près de quatre myriamètres. C'est probablement l'exploitation la plus considérable de la France ; le nombre et la puissance des couches, la qualité du combustible, les facilités que la Meuse offre pour l'exploitation, sont les principales causes de l'état florissant qui distingue ces mines depuis des tems très-reculés. La bonne houille de Liége est la plus grasse de toute la France ; le principe bitumineux y est si abondant, qu'on ne peut l'employer aux usages domestiques dans son état naturel ; elle éprouve un renflement trop considérable, on est obligé de la pétrir avec de l'argile, pour en former des boulets qui brûlent avec moins de rapidité. Mais toutes les houilles de ce bassin sont loin de jouir de ces propriétés : on en exploite entre autres dans la partie septentrionale, vers Oupeye, qui est très-sèche, ou, comme on dit, *fort maigre*. Ce combustible s'enflamme difficilement ; mais une fois allumé, il donne beaucoup de chaleur, et dure très-long-tems ; il laisse un résidu composé d'argile ferrugineuse, plus abondant que celui des houilles grasses.

Les exploitations des environs de Huy sont beaucoup moins importantes : on n'y voit plus ces grands établissemens qui distinguent les mines de Liége ; les couches n'y sont pas non plus aussi puissantes ni aussi nombreuses, cependant le terrain houiller s'y manifeste sur une longueur de plus de quatre myriamètres ; mais il ne produit qu'une houille maigre qu'on connaît dans le pays sous le nom patois de *terre-houille* ou *téroule*. Ce combustible est souvent plus éclatant que celui de Liége : c'est là qu'on trouve les fragmens laminaires qui ressemblent au fer oligiste écailleux. Bassin de Huy.

Les mines de Namur sont peu productives, et doivent être considérées comme une dépendance de celles de Huy. Il y a des auteurs qui ont donné une idée fausse de l'importance de ces mines, parce qu'ils les ont confondues avec celles de Charleroi (Jemmape), qui faisaient anciennement partie du comté de Namur, et que j'indiquerai à l'article du Hainaut. Bassin de Namur.

C'est en général dans le voisinage des mines de houille qu'on trouve les schistes qui servent Schistes à alun.

à la fabrication de l'alun ; leur gisement et leur mode d'exploitation sont très-bien connus par la bonne description qu'en a donné M. Baillet (1). Ils sont situés le long de la Meuse, entre Huy et Liége, à l'exception d'un nouvel établissement formé à la Rochette, dans l'ancien emplacement de la fonderie de plomb dont j'ai parlé. Ces schistes sont de couleur noirâtre, et ont beaucoup de rapport avec les schistes argileux des houillères ; il n'y a pour les distinguer que ces caractères empyriques, que les mineurs savent si bien déterminer : ils me paraissent être dans le cas de l'*alaunerde* de Freyenwald, analysée par M. Klaproth (2), et qui a fourni à ce savant l'occasion d'établir sa belle théorie sur les minerais d'alun, c'est-à-dire, que le soufre y est combiné avec le carbone et non avec le fer ; ce qui est d'autant plus probable, qu'on n'y distingue pas de fer sulfuré : ils se délitent et se réduisent en matière terreuse par leur exposition à l'air, comme les autres schistes argileux. Il paraît que cette altération facilite la production de l'alun.

Exploitations, etc. des bords de la Meuse.

La vallée de la Meuse, bordée par des pentes presque perpendiculaires, traversée par une rivière navigable qui communique à la Hollande, royaume dépourvu de minéraux, offrait plus de ressources que le reste du pays pour l'exploitation et le traitement des substances minérales ; aussi, outre les houillères, les fa-

(1) *Journal des Mines*, n°. 10, page 83, et n°. 34, page 487, etc.

(2) *Journal des Mines*, tome XX, page 119.

briques d'alun, et de nombreux établissemens pour la préparation du fer, il y a une grande quantité de carrières où l'on fabrique des pierres de taille de tout genre, des bacs, des meules à aiguiser en grès, des pavés, des carreaux noirâtres, connus dans le commerce sous le nom de *marbre de Namur*. On y voit aussi un grand nombre de fours à chaux dans une activité continuelle.

**Anthracite contemporaine des houilles grasses.**

C'est dans une de ces carrières, à Visé, canton de Dahlem (Ourthe), près du terrain houiller, qu'on a trouvé l'anthracite (1) engagé sous forme de rognons, dans la chaux carbonatée bituminifère: fait intéressant, puisqu'il prouve que ce combustible existe dans des terrains contemporains des houilles grasses. En général, je crois qu'on s'est un peu hâté d'établir une différence aussi tranchée qu'on l'a fait entre ces deux substances, et je m'attends qu'il arrivera, peut-être, une époque où on les réunira; ce qui serait une nouvelle preuve que les espèces ne sont bien décidées qu'autant qu'on les ait observées cristallisées. En effet, lorsqu'on compare l'anthracite aux houilles sèches des bords de la Meuse, on ne voit d'autres différences qu'une combustibilité un peu moins difficile et un degré de pureté moins prononcé, qualités qui ne tiennent peut-être qu'aux circonstances du gisement; car le calcaire qui, par l'union qu'il a presque toujours contracté avec le bitume, annonce une certaine affinité pour ce principe, peut en avoir dépouillé l'an-

(1) *Journal des Mines*, tome XXI, page 605.

thracite qu'il recèle dans son sein, et n'a pu lui céder les élémens silioeux et alumineux qui se trouvent dans la houille. De sorte qu'il serait possible qu'une même masse charbonneuse, formât de la houille grasse entre des schistes ou des grès, et devînt de l'anthracite au milieu de la chaux carbonatée.

Cuivre pyriteux qui paraît se transformer en cuivre carbonaté vert et bleu.

La même carrière qui a donné lieu à ces réflexions, contient un petit filon de cuivre pyriteux, trop peu abondant pour être de quelqu'utilité. Ce minerai se trouve en globules sur la chaux carbonatée cristallisée; mais il paraît que les influences météoriques lui font éprouver une altération, que je ne trouve indiquée dans aucun auteur; c'est de passer à l'état de carbonate. Lorsqu'on l'extrait du filon, on ne voit en général que des parties pyriteuses; mais les fragmens qui ont séjourné sur les haldes, présentent du cuivre carbonaté vert et même du cuivre carbonaté bleu. C'est à la chimie à nous apprendre si cette transformation est possible, et si le sulfure de cuivre, passé à l'état de sulfate, peut échanger son acide avec le carbonate de chaux. C'est principalement dans les petites cavités qui ont permis le séjour de l'eau sur le cuivre qu'on voit le plus de globules verts; ils ont même quelquefois coloré les cristaux de chaux carbonatée.

Quartz schisteux noir et singulière disposition de ses couches.

A Argenteau, encore dans le voisinage de cette carrière, on voit un système de couches assez remarquable : on y distingue d'abord le quartz noir schisteux (*kiesel-schiefer*), qui s'y trouve en grosses masses à peu près compactes et en feuillets très-minces; mais tout y annonce un bouleversement singulier; les feuillets minces sont contournés et comme tordus autour des masses compactes. Du reste, ces feuillets n'y demeurent pas long-tems à l'état de quartz schisteux, ils se souillent d'argile, deviennent tendres et friables, comme les schistes argileux, et ressemblent beaucoup à la variété employée à la fabrication de l'alun : on trouve au milieu de ces feuillets des cristaux de chaux carbonatée métastatique, et les parties les plus exposées à l'air se couvrent d'efflorescences mamelonnées, presqu'entièrement composées de chaux sulfatée.

Il n'y a pas de liaison entre le terrain bituminifère et le calcaire horizontal.

Les couches crayeuses de la Flandre s'approchent du terrain houiller et le recouvrent même sur ses bords, depuis le canton d'Aubel jusqu'à celui de Huy (Ourthe). Il n'y a aucune liaison entre ces deux terrains ; la transition est toujours brusque, les couches de schistes et de calcaire bituminifère ne sont point altérées par le voisinage de la craie ; celle-ci ne participe jamais des qualités des autres couches, elle ne prend pas même une position plus inclinée ; enfin tout annonce que les circonstances de formation ont été absolument différentes.

Bassin métallifère, mines de fer de Namur, etc.

Vers le canton de Huy, les couches crayeuses commencent à s'éloigner du terrain houiller, et l'espace intermédiaire présente une espèce de petite chaîne ou bassin métallifère qui occupe les cantons de Héron (Ourthe), Namur et Dhuy (Sambre-et-Meuse), sur une longueur de plus de trois myriamètres. Cette étendue est remarquable par l'abondance de ses produits métalliques. Elle renferme les exploitations décrites sous le nom de *mines de Namur*;

le terrain y est le même que dans le reste de cette région, si ce n'est que le minerai de fer y est si abondant, qu'il y constitue de véritables couches. Les mineurs distinguent deux variétés dans ces minerais, qu'ils désignent par les noms de *rouge* et de *jaune* : la première, qui est la plus abondante, est du fer oxydé rouge granuleux ; les grains en sont très-petits et empâtés dans une masse de même couleur; il se souille aussi d'argile et devient presque un schiste rouge, alors il se casse quelquefois en fragmens rhomboïdaux. Ce minerai n'a souvent qu'une couleur jaune-rougeâtre quand on l'extrait de la mine : mais son exposition à l'air le fait devenir d'un rouge de brique foncé, et il paraît que cette altération facilite la réduction dans les fourneaux.

Le minerai jaune présente des fragmens et des géodes de fer oxydé rubigineux brun, qui sont empâtés dans du fer oxydé terreux jaune; il se trouve souvent en filon, tandis que le fer rouge est presque toujours en couches.

Mine de plomb de Védrin.

Outre ces mines de fer, qui s'étendent dans toute l'étendue que je viens d'indiquer, ce terrain contient aussi deux mines de plomb : la principale est celle de Védrin, canton de Namur, décrite par M. Baillet (1). Ce sont, comme à Rochefort, des filons de fer oxydé, qui recèlent du plomb sulfuré laminaire à grandes facettes, quelquefois très-bien cristallisé, accompagné de fer sulfuré et de cristaux de chaux carbonatée. Ces filons traversent les couches calcaires comme celles de

(1) *Journal des Mines*, nº. 12, page 17.

de schistes et de grès. L'exploitation qui avait été suspendue pendant la guerre est reprise depuis un couple d'années.

La seconde mine est celle de Couthuin, canton de Héron. Le minerai, par sa nature et son gisement, y est absolument le même qu'à Védrin; mais l'extraction dans son état présent se réduit à peu de chose; il n'y existe aucune galerie d'écoulement. Les anciens avaient exploité le filon jusqu'au niveau des eaux : depuis cette époque, ce niveau s'étant un peu abaissé, il y a actuellement quelques mineurs qui travaillent en sous-œuvre, et enlèvent de nouveau l'extrémité supérieure du filon. Mine de plomb de Couthuin.

Les mines de fer contiennent aussi des ocres jaunes et rouges propres à la peinture : on en recueille dans les lavoirs pour les livrer au commerce. Ocres.

Telle est la disposition générale des différentes couches minérales qui traversent le Condros : ces couches se montrent à découvert dans un très-grand nombre de circonstances, et le terrain meuble est extrêmement peu abondant dans cette région. L'inaltérabilité des couches calcaires est cause qu'il n'est en général formé que de débris, de schistes et de grès : ce qui le rend peu propre à la culture, principalement dans les cantons où l'éloignement des mines de houille ne permet pas de l'amender avec de la chaux; car il est bon d'observer que le calcaire bituminifère est si dur, que les chaufourniers du pays sont persuadés qu'il serait trop dispendieux de le calciner avec du bois. Terrain meuble.

E

Sables et argiles.

Il y a aussi des amas, quelquefois très-considérables, de sables et d'argiles, qui sont fort utiles dans les arts. Les premiers sont ordinairement jaunâtres, blanchâtres, grisâtres, rougeâtres, etc.; les secondes ont à peu près les mêmes couleurs que les sables : l'une des plus importantes est l'argile grise d'Andenne (Sambre-et-Meuse), connue dans le commerce sous le nom de *terre à pipe*. Une autre exploitation remarquable, est celle de Langherwey, canton de Duren (Roër), qui donne une argile grise, qui repose sous une couche de sable, et qui renferme beaucoup de fragmens de bois passés à l'état de lignite. On se sert encore, pour la poterie, de diverses argiles rougeâtres infusibles. Les briquetiers et les couvreurs en chaume emploient une argile jaunâtre peu collante, qui n'est qu'un dépôt d'alluvion.

Terre à pipe.

Lignite.

## QUATRIÈME RÉGION.

### LE HAINAUT.

Démarcation.

La région que nous allons examiner, comprend tout le département de Jemmape, les arrondissemens de Douay et d'Avesne (Nord), la partie des départemens des Ardennes et de Sambre-et-Meuse, qui est au Nord de Rocroy et à l'Ouest de la Meuse, enfin les communes de la Dyle, situées au Sud de Hall. Elle est bornée au Nord par la Flandre, à l'Ouest et au Sud par l'Artois ou Picardie, et par une petite portion de l'Ardenne, à l'Est par le Condros.

Constitution physique.

Peu de pays sont aussi favorisés de la nature que le Hainaut ; rarement les richesses minérales accompagnent un sol fertile ; mais ici le mineur et le minéralogiste, accoutumés à habiter des montagnes arides, sont étonnés de se rencontrer au milieu de plaines couvertes d'une végétation brillanté où la culture est portée au plus haut point de perfection.

A l'exception de la partie qui avoisine la Meuse et l'Ardenne, et qui ressemble au Condros, cette contrée est formée de plaines peu élevées et presque horizontales, principalement dans les environs de Valenciennes et de Douay ; le niveau du sol y suit la même loi que dans les pays qu'on vient de décrire, c'est-à-dire, qu'il s'abaisse dans le sens de l'Est à l'Ouest et un peu dans celui du Sud au Nord. Les parties les plus hautes, vers la Meuse, sont, comme les plateaux du Condros, élevées d'environ 350 mètres au-dessus de la mer, tandis que les collines au Nord de Mons n'ont pas 150 mètres de hauteur. Ce résultat présente un fait assez remarquable, c'est que la Sambre qui, de Landrecie à Namur, se dirige au Nord-Est, coule en grande partie contre la pente générale du terrain ; aussi on voit que son lit devient toujours plus enfoncé à mesure qu'il s'approche de Namur, et l'on est étonné qu'une arrête qui souvent a moins de 50 mètres au-dessus du niveau de la rivière, ait suffit pour l'empêcher de se réunir à l'Escaut, et l'ait obligé de traverser des plateaux beaucoup plus élevés pour arriver à la Meuse. Cet étonnement augmente encore, quand on observe que cette arrête est ordinairement formée de ter-

La rivière de Sambre coule contre la pente générale du terrain.

rains de transport, tandis que les plateaux de la Meuse sont composés de rochers très-solides.

Constitution géologique.

La majeure partie de cette région appartient à la formation bituminifère ; on y rencontre aussi les formations trappéenne et ardoisière, le calcaire horizontal et le grès blanc.

Formation trappéenne.

L'existence de la formation trappéenne dans le Hainaut est très-remarquable : on ne s'attend pas à trouver une roche abondante en feldspath à côté du calcaire grossier et des plaines basses de la Flandre. Mais ce qui est encore plus étonnant, c'est que dans un pays aussi connu, il y ait des carrières de porphyre exploitées depuis long-tems, qui ont fourni les matériaux qui constituent la plupart des routes de la ci-devant Belgique, et qu'il n'existe aucune description de ces roches, du moins je n'ai rien pu découvrir à ce sujet.

Porphyre de Quenast.

Le terrain trappéen se manifeste dans deux endroits : d'abord à Quenast, canton de Hérinnes (Dyle), où il occupe le sommet d'une petite colline qui présente plusieurs carrières ouvertes. Dans la plupart de ces ouvertures, on ne peut distinguer la stratification de la roche, à cause d'une infinité de fissures ; mais il en est quelques-unes, où l'on reconnaît très-bien l'existence de véritables couches, dont l'inclinaison varie depuis 80 degrés jusqu'au plan horizontal, et qui en général sont irrégulières, bouleversées et contournées.

Cette roche est d'autant plus difficile à caractériser, qu'elle éprouve plusieurs variations : je crois pouvoir la nommer *cornéenne porphyrique*, parce qu'elle se présente le plus communément sous la forme d'une masse bleu-verdâtre parsemée de taches blanches; mais elle est réellement sur les limites, entre les porphyres et les granites : on pourrait y trouver des échantillons qui, séparés de la masse, seraient pris pour de vrais granites.

Il me paraît qu'on peut reconnaître dans ses élémens quatre substances différentes, 1°. le feldspath; 2°. l'amphibole; 3°. le quartz; 4°. une matière que je soupçonne avoir beaucoup de ressemblance avec les substances talqueuses (1); on l'aperçoit ordinairement en très-petits grains enfermés dans le reste de la roche, dont ils se distinguent par une couleur vert-jaunâtre, une cassure matte, et l'infusibilité au chalumeau. La masse principale de la roche se présente sous la forme d'une pâte bleuâtre, que je crois composée d'un mélange intime de feldspath et d'amphibole, c'est-à-dire, que ce serait un véritable *grunstein* des auteurs allemands; mais cette pâte est presque toujours modifiée par les autres substances : la matière jaunâtre s'y trouve non-seulement en grains, mais elle se combine avec la masse, lui donne une couleur verdâtre, et lui communique son infusibilité au chalumeau. Le feldspath pur y est si abondant, qu'il devient quelquefois dominant; il y est en petits parallélipipèdes à tissu lamelleux et de couleur blanche : on y trouve aussi des globules de quartz hyalin gras enfumé ; enfin

(1) M. *Bruun-Néergaard* possède dans sa magnifique collection un échantillon d'*Edler-serpentin*, venant de Sala en Suède, qui renferme des globules absolument semblables à ceux-ci.

on aperçoit de petites lames cristallisées d'un aspect très-éclatant, d'une couleur grisâtre et qui se fondent en verre noirâtre : je les considère pour de l'amphibole pur.

Les différens mélanges de ces élémens font varier l'aspect de la roche : quelquefois ces principes s'isolent, et l'on trouve des masses distinctes de quartz enfumé, de feldspath, d'amphibole, et de pâte bleue ou cornéenne homogène. On peut remarquer aussi qu'ordinairement il n'y a point entre cette pâte et les cristaux, la différence prononcée qu'on observe dans la plupart des porphyres. On voit, au contraire, le tissu compacte de la première s'unir intimement au tissu lamelleux des seconds. Cette roche prend quelquefois une teinte rougeâtre : je n'ai pu déterminer auquel des principes cette couleur est due ; je soupçonne qu'elle pourrait bien être produite par le quartz ; car ces parties rouges sont infusibles et compactes. Cependant il serait possible que ce fût le feldspath qui eût perdu sa fusibilité et son tissu lamelleux par le mélange avec la matière jaune, qui est ordinairement très-abondante dans les parties rougeâtres. L'extérieur des couches a toujours éprouvé cette espèce d'altération qu'on retrouve dans presque toutes les roches feldspathiques et cornéennes, et dont le résultat est de les recouvrir d'une écorce superficielle de couleur de rouille. On voit dans la terre argileuse qui existe au-dessus des couches, des fragmens dont quelquelques-uns ont la forme sphéroïdale ; c'est une espèce de trapp globuleux.

Le porphyre de Quenast se trouve sur le plateau d'une colline dont les environs et le bas même présentent des couches verticales de schiste ardoise : je n'ai pu observer la superposition des deux roches ; mais de cette disposition seule, on peut conclure que l'ardoise est adossée au porphyre : l'analogie conduit aussi au même résultat ; car tout porte à croire que cette roche est très-ancienne ; ensuite il est bien plus probable que la colline de Quenast est le sommet d'un terrain trappéen plus étendu, que de supposer que ce soit une espèce de creux, qui s'est trouvé rempli de couches inclinées d'une substance, qui n'a aucun rapport avec toutes les matières environnantes.

Ce porphyre est extrêmement avantageux pour paver les routes : sa ténacité est telle, qu'on peut dire qu'il donne des pavés presque indestructibles ; aussi il s'en fait pour cet usage une exploitation considérable.

Porphyre de Lessinnes.

Le second endroit du Hainaut où l'on rencontre la formation trappéenne, est Lessinnes (Jemmapes), à 25 kilomètres de Quenast : la nature de la roche y est en général la même ; on y distingue moins facilement la disposition en couches ; mais le rocher qu'on exploite par le travail à la poudre, s'éclate de manière à présenter cette cassure en grand, que les Suédois appellent *trappéenne*, ou en escalier, et les fragmens qui s'en détachent, se présentent sous la forme de prismes, qui ont quelques rapports avec ceux de basalte ; mais ils sont plus irréguliers, varient davantage dans leur grosseur, ils n'ont souvent que quatre pans : ces prismes sont toujours recouverts de l'écorce jaunâtre dont j'ai parlé.

Le porphyre ne se trouve à Lessinnes que dans un espace qui a tout au plus 4 ou 5 kilomètres carré ; il y est recouvert par un dépôt plus ou moins profond de terrain meuble, et dans tous les environs, à plus d'un myriamètre de distance, on ne trouve point d'autres couches régulières.

La pierre de Lessinnes est aussi très-estimée pour faire des pavés ; la position des carrières sur les bords de la Dendre, lui procure un débouché facile pour se répandre dans les départemens de l'Escaut, de la Dyle, et même en Hollande ; aussi l'exploitation en est très-importante : on l'emploie encore dans les constructions, et on fait usage des prismes sans les tailler pour servir de bornes.

Formation ardoisière.

La formation ardoisière de cette région se trouve autour des porphyres de Quenast, dans un espace qui occupe une partie des cantons d'Enghien, Soignies (Jemmapes), Hérinnes, Hall et Nivelle (Dyle). Il présente des couches communément verticales de schiste ardoise, qui a beaucoup de rapport avec celui de l'Ardenne dont je traiterai plus en détail : on l'emploie généralement comme moellon dans les constructions. On a même exploité à Stéenquerque, canton d'Enghien, des dalles qui se taillent en forme de tables et de véritables ardoises qui ont servi à couvrir, entre autres, la halle d'Enghien (1). C'est aussi dans ce terrain qu'on a extrait la py-

(1) J'annonce ce fait d'après une note que M. *Parmentier*, Maire d'Enghien, a bien voulu me communiquer.

rite arsénicale décrite par M. Baillet, et analysée par M. Vauquelin (1) : enfin on a encore trouvé dans les environs de Hall du cuivre pyriteux.

Les ardoises paraissent s'étendre sous le terrain meuble.

Ces couches d'ardoise sont en général recouvertes par un dépôt considérable de terre meuble, et ne se montrent ordinairement que dans les vallées ; il est même très-probable qu'elles appartiennent à une masse ou chaîne beaucoup plus étendue, et qui est recouverte par le terrain meuble et la craie qui règne le long de la Flandre : car à Gemblours (Sambre-et-Meuse), bourg situé à plus de 3 myriamètres, à l'Est du terrain d'ardoise, on retrouve ce même schiste dans le fond de la vallée.

Formation bituminifère.

Etendue.

La formation bituminifère occupe la majeure partie du Hainaut ; elle y remplit presque exclusivement un espace qu'on peut représenter comme un grand triangle, dont le sommet est à Tournay (Jemmapes), et la base entre Namur et Couvin (Ardennes) ; on la retrouve encore en-dessous du calcaire horizontal, entre Valenciennes et Douay : elle y est absolument la même que dans le Condros, dont elle n'est qu'une continuité ; on y reconnaît même la plupart des chaînes qui traversent cette dernière région. C'est ainsi que dans la partie qui longe l'Ardenne, entre Givet (Ardennes) et Avesne (Nord), on observe également les deux premières chaînes que j'ai fait connaître. La seconde est toujours extrêmement abondante en métaux ; on y trouve les filons de plomb de Treignes, canton de Givet, de Dourbes et

(1) *Journal des Mines*, n°. 14, p. 58.

Vierves, canton de Couvin, décrits par M. Baillet (1). Il y a aussi plusieurs mines de fer, notamment dans le canton de Chimay (Jemmapes); mais les plus abondantes sont celles des cantons de Philipeville (Ardennes) et Walcourt (Sambre-et-Meuse), qui s'éloignent un peu de la chaîne extérieure : le minerai y est en général du fer oxydé rubigineux, accompagné de beaucoup de parties terreuses jaunes; il produit une fonte d'une excellente qualité.

Marbres gris et blancs.

Cette partie du Hainaut, comprise entre la Sambre et la Meuse, fournit aussi beaucoup de marbres. Ceux qui ont le plus de vogue actuellement, et qu'on pourrait appeler *gris et blancs*, sont connus assez généralement dans le commerce sous le nom de marbre de *Sainte-Anne*, du nom d'une carrière des environs de Thuin (Jemmapes). Ces marbres sont extrêmement communs dans ce pays : on en trouve presque partout; ils sont d'une excellente qualité, si solides et *si sains*, pour me servir de l'expression des ouvriers, qu'on peut les scier quelquefois en grandes tables qui ont moins d'un centimètre d'épaisseur. Ils sont formés d'une pâte bleue, analogue aux autres couches de chaux carbonatée bituminifère, qui est traversée en tout sens par une infinité de petits filons blancs : on dirait voir deux pâtes pétries ensemble. Il est bon de remarquer que ces marbres ne se trouvent que dans les couches où il n'y a pas beaucoup de bitume : on serait tenté de croire que lorsque ce principe était peu

(1) *Journal des Mines*, n°. 67, p. 15.

abondant, il ne se combinait pas avec toute la masse calcaire dont une partie demeurait blanche ; ce qui donnait naissance à la pierre mélangée.

Marbres rouges, blancs et gris.

On trouve aussi des marbres rouges, blancs et gris. Il y en a entre autres une carrière remarquable près de Rance, canton de Beaumont (Jemmapes) ; mais, comme je l'ai déjà dit, ces marbres qui ont été très-employés sont peu recherchés actuellement. Je citerai encore les marbres brèches, dont les plus connus sont ceux de Dourlers, canton d'Avesne (Nord), et de Waulsort, canton de Dinant (Sambre-et-Meuse).

Marbres brèches.

Terrains houillers.

La série de bassins houillers que nous avons vus dans le Condros, traverse aussi la région qui nous occupe ; on peut y reconnaître quatre groupes principaux qui sont aux environs de Charleroi, de Mons, de Valenciennes et de Douay. Ces mines de houille sont encore mieux connues que celles des bords de la Meuse, et outre les ouvrages que j'ai déjà cités, on trouvera des renseignemens précieux à leur égard dans les Mémoires de MM. Daubuisson et Gendebien (1), dans l'*Atlas minéralogique* de M. Monnet, etc. Ce que j'ai dit de général sur les premières s'applique également à celles-ci : aussi je vais me borner à indiquer leur position.

Bassin de Charleroi.

Le bassin de Charleroi (Jemmapes) s'étend à l'Est et à l'Ouest de cette ville, sur une lon-

---

(1) *Journal des Mines*, n°. 63, p. 257, n°. 65, p. 435, n. 106.

gueur d'environ deux myriamètres ; il donne lieu à une exploitation très-importante.

Bassin de Mons.

Celui de Mons est formé de deux bassins particuliers, l'un à l'Est, qui règne dans les environs de Marimont, est encore fort peu exploité ; l'autre à l'Ouest, qui s'étend en grande partie dans le canton du Paturage, sur une longueur de plus de 15 kilomètres, est très-remarquable par l'abondance de ses produits et la bonne qualité du combustible.

Bassin de Valenciennes.

Le bassin de Valenciennes (Nord) ne le cède à aucun égard à celui du Paturage : on peut aussi le considérer comme divisé en deux parties, l'une qui comprend la belle exploitation d'Anzin, l'autre qui s'étend au Nord vers Fresne et Vieux-Condé.

Bassin de Douay.

Enfin le bassin de Douay est le moins important ; il se compose des mines d'Aniche et de quelques recherches entreprises dernièrement aux environs de la ville ; mais ces deux derniers bassins houillers diffèrent des autres, parce qu'ils sont recouverts par un dépôt plus ou moins épais de calcaire horizontal.

Exploitations latérales.

Outre ces groupes principaux, il y a encore quelques petites exploitations latérales, telle est entre autre celle de Blaton, canton de Quévaucamp (Jemmape), où il existe aussi du quartz schisteux noir.

Mine de plomb de Sirault.

Au Nord du terrain houiller on trouve la mine de plomb de Sirault, canton de Lens (Jemmape), décrite par M. Baillet (1), et un grand nombre de carrières de pierres calcaires

---

(1) *Journal des Mines*, n°. 12, p. 33.

et de grès, que leur voisinage d'un pays dépourvu de substances pierreuses rend très-importantes.

Marbre des Ecaussines.

Parmi ces carrières on doit distinguer principalement celles des Ecaussines, canton de Soignies (Jemmape), qui fournissent un marbre très-répandu dans le commerce, sous la dénomination impropre de *petit granite :* c'est un calcaire bituminifère ordinaire, d'une odeur fétide, rempli d'une immense quantité d'animaux marins de forme cylindrique, transformés en chaux carbonatée laminaire blanche; de sorte que quand la pierre est polie, elle présente une pâte noirâtre parsemée de petites taches circulaires blanchâtres.

Les carrières des Ecaussines sont exploitées depuis très-long-tems; mais anciennement on n'employait leurs produits que pour faire des pierres de taille : ce n'est que depuis peu qu'on a commencé à les polir comme les autres marbres. On sait qu'ils ont actuellement beaucoup de vogue, et que les fabricans de meubles de la capitale en font un grand usage.

Il est bon de remarquer que cette manière d'être de la chaux carbonatée bituminifère n'est point exclusive à ces carrières; elle se retrouve, au contraire, dans plusieurs endroits du Hainaut et du Condros. J'ai des raisons de soupçonner qu'il est de ces pierres, où toutes les parties cristallisées n'ont point remplacé des corps organisés; mais que ce sont des cristaux enveloppés dans la masse par une formation analogue à celle des porphyres.

Carrières de Tournay.

Les superbes carrières des environs de Tournay méritent encore d'être citées, non pas que la pierre calcaire qu'on y exploite présente de modifications particulières, mais parce que leur situation sur les bords de l'Escaut, facilitant les moyens d'exportations, a rendu l'extraction plus importante. On y fabrique une chaux très renommée, qui s'exporte non-seulement dans les départemens voisins, mais jusqu'en Hollande.

Grès.

Les grès de ce pays, qui se trouvent dans les mêmes systèmes de couches que la chaux carbonatée bituminifère, sont absolument semblables à ceux du Condros; ils présentent les mêmes passages au schiste argileux : on en fait des carreaux, des pierres de taille, des meules à aiguiser, etc. Il y en a notamment une belle carrière aux Ecaussines, près des exploitations de marbre.

Remarques sur la position horizontale des couches de ces carrières.

J'ai déjà observé qu'un des caractères les plus généraux de la formation bituminifère, est la grande variété dans l'inclinaison des couches, et leur position communément très-relevée à l'horizon. Cependant la plupart des carrières de cette partie du département de Jemmapes, comme celles de Tournay, Ath, les Ecaussines, etc., présentent des couches ordinairement horizontales; ce qui paraîtrait renverser la grande division que j'ai établie en terrains inclinés et horizontaux; mais il est bon d'observer, à cet égard, que l'inclinaison variant depuis le plan horizontal jusqu'au plan vertical, c'est une des propriétés des terrains inclinés de se montrer quelquefois en couches horizontales. Il faut aussi remarquer, dans le cas présent, que ces dernières couches étant beaucoup plus faciles à exploiter que les autres, les ouvriers auront peut-être recherché par des sondes les endroits où les couches avaient cette position pour ouvrir leurs carrières ; car on ne voit dans ce pays d'autres couches que celles découvertes artificiellement, et il serait très-possible qu'entre ces carrières il existât des couches inclinées comme dans le reste de la formation.

Calcaire horizontal.

Les environs de Valenciennes et de Douay, sont recouverts par la formation du calcaire horizontal, qui n'est qu'une portion du terrain qui domine dans l'Artois, dont je dirai quelques mots tout-à-l'heure. Ce terrain s'étend jusqu'aux environs de Tournay, de Condé, de Bavay, etc., et pousse même quelques lambeaux dans la vallée de la Haîne jusqu'auprès de Mons : on verra qu'il est formé de chaux carbonatée crayeuse et marneuse, d'argile et de quartz-agate pyromaque. Il ne présente pas de liaison avec le terrain bituminifère, la transition est toujours brusque comme sur le bord septentrional du Condros.

Grès blanc.

La formation du grès blanc se montre par tache ou lambeaux dans plusieurs endroits du Hainaut ; il y recouvre indifféremment le calcaire horizontal on le terrain bituminifère. Les caractères de cette formation sont de présenter de vastes dépôts sablonneux dans lesquels on trouve le grès formant, ou des blocs isolés, ou des couches parallèles qui se touchent quelquefois, mais qui sont ordinairement séparées par d'autres couches de sable. La surface supérieure des blocs a souvent une apparence arrondie qui n'est pas l'effet du frottement, mais qui présente des circonvolutions ou larges mamelons, à peu près semblables à ce qui se forme à la superficie d'une pâte molle, sur laquelle on projette, d'une certaine élévation, d'autres parties de la même pâte. Ce grès est en général à grains très-fins et très-adhérens, sa couleur est assez communément blanche, et passe quelquefois au grisâtre et au rougeâtre; il a du rapport avec le grès ordinaire de Fontainebleau, mais ses grains sont en général un peu plus fins et plus adhérens; aussi il est d'une très-bonne qualité, et on l'emploie non-seulement à faire des pavés, mais encore des pierres de taille, des fûts et même des chapitaux de colonnes.

Quartz-agate dans le même gisement que le grès blanc.

On trouve ces grès, comme je l'ai indiqué, dans un très-grand nombre d'endroits, notamment dans les environs de Maubeuge, d'Avesne, de Bavay, de Douay, etc. Il en existe aussi beaucoup dans une colline sableuse qui borde la Haîne, entre Binch et Condé. Cette colline recèle encore une autre variété de la matière quartzeuse, qui prouve bien qu'il n'y a pas entre toutes ces modifications une démarcation aussi prononcée qu'on a déjà voulu l'établir. Cette substance, qu'on emploie également à faire des pavés, pourrait être prise au premier coup-d'œil pour un grès très-fin, ou au moins pour un quartz grenu: mais si on l'examine plus attentivement, on reconnaît que c'est un véritable quartz-agate ou silex; son tissu est compacte, sa cassure conchoïde; elle est légèrement translucide sur les bords; sa couleur est le blanc-grisâtre qui passe quelquefois au bleuâtre; elle a quelque ressemblance avec le quartz molaire de Paris, mais elle n'est point caverneuse;

caverneuse : il y a cependant beaucoup de géodes qui sont tapissées de petites pointes de cristaux de quartz hyalin jaunâtre transparent : il arrive quelquefois que par suite d'une altération cette substance n'a plus l'éclat qui la caractérise, et que sa cassure n'est plus conchoïde; alors on ne peut presque pas la distinguer d'un grès à grains fins.

Je n'ai pas vu le gisement de cette pierre quartzeuse; mais M. Piou, Ingénieur en chef des Ponts et Chaussées, qui s'est prêté de la manière la plus obligeante à me fournir les renseignemens que je désirais à cet égard, m'a dit qu'elle s'exploitait à Saint-Denis, près de Mons, où elle existait absolument sous les mêmes circonstances que le véritable grès blanc que j'avais vu dans les autres carrières voisines de Saint-Denis, c'est-à-dire, enfouie dans l'amas de sable blanchâtre qui constitue cette colline.

Quand on remarque les rapports que ces quartz-agates ont avec le grès blanc, tant par leur nature que par leur gisement, on ne peut presque pas s'empêcher de supposer que leur origine ne soit la même, et qu'il est arrivé un cas où la cause qui avait la force d'agglutiner les grains de sable en grès, a eu celle de dissoudre ces grains au point d'en former des quartz-agates.

Terrain meuble.

Le dépôt du terrain meuble est extrêmement abondant dans le Hainaut, excepté dans les parties élevées qui avoisinent l'Ardenne et le Condros; il masque partout les couches pierreuses, qu'on ne découvre que dans les vallées ou dans les excavations artificielles. Il est inutile de répéter qu'il est, comme celui de la Flandre méridionale, formé de cet heureux mélange qui constitue les terrains fertiles : il recouvre des amas d'argiles qui alimentent plusieurs établissemens de poteries, parmi lesquels on peut citer une fabrique de *grès* à Châtelet (Jemmape), et la fabrique de faïence attachée à la belle manufacture de porcelaine de Tournay.

## CINQUIÈME RÉGION.

### L'ARTOIS.

Démarcation.

J'AI dit, dans l'introduction, que je désignerais par le nom d'*Artois*, la partie du grand bassin crayeux de la ci-devant Picardie, comprise dans le cadre embrassé par cet Essai, ce qui renferme la portion du département du Nord, située au Sud-Ouest de Douay et de Landrecies, et tout le département du Pas-de-Calais, moins un petit espace tracé en forme de demi-cercle autour de Boulogne, dont je parlerai tout-à-l'heure.

Toute la Picardie, et par conséquent la région qui nous occupe, sont si bien connues, que je vais me borner à rappeler quelques-uns des traits principaux.

On sait que ce pays est varié par de petites collines et des vallées peu profondes, qu'il est en général très-fertile, etc.

Constitution géologique.

Sa constitution géologique ne présente que les formations du calcaire horizontal, du grès blanc et du terrain meuble. A la vérité, M. Monnet (1) décrit une côte schisteuse qui

(1) *Atlas minéralogique*, page 21.

se trouve à Pernes, canton de Heuchin (Pas-de-Calais), et qui paraît appartenir au terrain bituminifère; mais on ne doit la considérer que comme une dépendance du Boulonais.

Le calcaire horizontal occupe toute la région, il recouvre le terrain bituminifère du Hainaut, depuis La Capelle (Aisne), jusqu'à Tournay (Jemmape), et s'avance jusqu'à la colline de Cassel (Nord); il est formé de chaux carbonatée crayeuse et de quelques couches d'argile. La chaux carbonatée y présente deux modifications différentes; les couches les plus profondes produisent une véritable craie, assez solide pour servir de pierre à bâtir et de pierre à chaux, tandis que les couches supérieures sont tendres, friables, analogues à celles de Flandre, et également employées comme marne à l'amendement des terres: on en fait pour cet usage une exportation considérable qui, par le moyen des canaux, s'étend dans les départemens de la Lys, de l'Escaut, etc. L'argile y est presque toujours effervescente, et passe insensiblement au calcaire; elle est communément de couleur bleuâtre ou grisâtre: il est bon de remarquer que c'est en général dans le voisinage des terrains bituminifères que les couches d'argiles sont les plus fréquentes, et que dans ce cas elles précèdent les couches de craie. Craie.

Ces couches crayeuses recèlent beaucoup de quartz-agates pyromaques bruns, ordinairement recouverts d'une enveloppe blanche qui montre quelquefois un luisant semblable à une couverte de porcelaine; on y trouve aussi du fer sulfuré. Quartz-agate.

Il est inutile d'ajouter que les corps organisés qui existent dans cette formation, sont les mêmes que ceux du terrain crayeux de Paris.

Grès. Le grès blanc de l'Artois se trouve sous les mêmes circonstances, et est absolument semblable à celui du Hainaut ; il est également d'un grain très-fin, d'une excellente qualité, et très-employé dans l'architecture. On voit dans ce pays des maisons faites avec une variété remarquable de matériaux ; le rez-de-chaussée, jusqu'à la hauteur d'un mètre ou deux, est construit en grès blanc, les pierres de taille sont de craie, les moellons de briques, et les marches d'escalier, le carrelage, les bornes, etc. de marbre bleuâtre.

On sait que toutes les vallées de la Picardie sont abondantes en tourbières.

## SIXIÈME RÉGION.

### LE BOULONAIS.

Introduction. J'aurais dû m'abstenir de parler de cette petite région, que je n'ai point vue par moi-même, et qui est déjà très-bien connue (1) ; mais j'ai cru qu'il convenait que je fisse remarquer son identité avec le terrain bituminifère du Hainaut et du Condros, et que je complétasse par ce moyen l'esquisse de cette intéressante chaîne.

---

(1) Principalement par les Voyages minéralogiques de M. *Monnet*, et une Description insérée dans le nº. 1er du *Journal des Mines*.

Les environs de Boulogne forment une espèce de bassin, entouré par un rideau de collines crayeuses, qui décrivent un demi-cercle, dont le diamètre, appuyé sur la mer depuis le cap Blanc-Nez jusque vis-à-vis Samer, a plus de trois myriamètres de long. Constitution physique et géologique.

Les couches minérales qui constituent ce bassin sont absolument différentes des couches crayeuses ; les plus remarquables sont les marbres et les terrains à houille.

L'analogie de ces derniers avec les autres groupes de terrain houiller qui se trouvent dans les deux régions que nous venons d'examiner, n'a pas besoin d'être discutée ; il suffit de comparer les descriptions qu'on a données des uns et des autres, pour voir que c'est la même disposition et la même nature de couches ; mais quand on n'aurait même d'autres notions que celles de l'existence de la houille, il suffirait de comparer la situation géographique de ce pays avec celle du Hainaut et du Condros, pour en conclure que le Boulonais n'est que le dernier terme de cette série de bassins houillers qui traversent tout le Nord de la France, et la ressemblance que nous avons observée entre tous ces bassins, ne permettrait pas de douter que celui-ci ne fût encore semblable aux autres. Houille.

La plus importante des mines du Boulonais est celle d'Hardinghen, canton de Guines : on extrait encore de la houille à Rety, Fienne, canton de Marquise, etc.

L'existence du terrain houiller indique déjà qu'on doit trouver dans le voisinage, ainsi que dans les autres bassins, les mêmes espèces Chaux carbonatée bituminifère.

de couches qui constituent ce système de formation, et notamment la chaux carbonatée bituminifère. Mais les descriptions du calcaire du Boulonais présentent au premier aperçu quelques différences, parce qu'on y cite souvent des marbres blanchâtres et rougeâtres, et que les couches y sont ordinairement horizontales. Mais nous avons déjà vu des marbres rouges dans le Hainaut et le Condros, et nous avons aussi remarqué que la proportion de bitume répartie dans le calcaire, était sujette à de grandes variations, et même devenait quelquefois nulle; ce qui donne naissance à des couches presque blanches, si ce principe n'est point remplacé par un autre corps colorant, et c'est le cas des marbres de Marquise. Quant à la disposition des couches, je ne puis que renvoyer aux observations que j'ai faites à l'occasion des carrières de la partie septentrionale du département de Jemmape qui présentent déjà une situation semblable.

C'est la même que dans le Hainaut et le Condros.

Du reste, ces deux espèces d'anomalies étant une fois expliquées, nous retrouvons dans les descriptions du Boulonais tous les caractères du terrain bituminifère; les pierrés calcaires y sont en général très-dures, susceptibles de prendre un beau poli; leur couleur la plus ordinaire, est le gris; elles ressemblent quelquefois à des ardoises (1). Il y en a qui produisent une chaux qui est la meilleure qu'on connaisse (2); les empreintes d'animaux qu'on y

(1) *Monnet*, pages 34, 37.
(2) *Id.* — 31.

trouve sont des ammonites et des madrépores (1); les marbres dits *steincal*, sont d'un gris sombre et bleuâtre veiné de blanc (2). Il y a aussi du marbre noir (3) ou véritable chaux carbonatée bituminifère. On voit dans le Boulonais ces mélanges et ces passages entre le calcaire, le grès et le schiste, qui sont si communs dans les autres régions de cette formation; aussi M. Monnet dit (4) que ces trois espèces de pierres *se confondent les unes dans les autres*. Il décrit plusieurs de ces mélanges, notamment la pierre à bâtir de Boulogne, qui contient un tiers de matière quartzeuse, etc. (5). On y trouve aussi des grès à aiguiser. Grès et schistes.

Enfin les couches ne sont pas toujours horizontales, elles sont quelquefois inclinées (6), et les marbres de Ferques, par exemple, ont une inclinaison de 45 degrés.

## SEPTIÈME RÉGION.

### L'ARDENNE.

Cette région forme une espèce d'ellipsoïde renflée dans l'intérieur, terminée par une pointe recourbée, et dont le grand diamètre Démarcation.

(1) *Monnet*, p. 81.
(2) *Id.* — 38.
(3) *Journal des Mines*, n°. premier, et *Collection du Conseil*, Catalogue, n°. 38-12.
(4) *Monnet*, p. 27.
(5) *Id.* — 32.
(6) *Id.* — 26-38.

dirigé du Nord-Est au Sud-Est est long de plus de 20 myriamètres. Cette ellipsoïde a son sommet entre Duren et Eschsweiller (Roër), et à partir de ce point, ses limites au Nord-Ouest passent par les environs d'Eupen, Spa, Ferrières (Ourthe), Marche, Wellin (Sambre-et-Meuse), Givet, Couvin (Ardennes), en se terminant vers Hirson (Aisne), d'où elles se dirigent à l'Est et au Nord pour rejoindre le point de départ, en passant près de Maubert-Fontaine, Mézières, Sédan (Ardennes), Florenville, Ospéren, Dieckirch (Forêts), Prum (Sarre), Cronembourg (Ourthe), et Gémund (Roër); ce qui renferme une petite portion du département de la Roër, quelques communes de la Sarre, et des parties considérables de l'Ourthe, de Sambre-et-Meuse, des Forêts et des Ardennes. Elle est bornée au Nord-Ouest par le Condros et le Hainaut; au Sud-Est par l'Eiffel et le Luxembourg. Cette démarcation fondée, comme on le verra tout-à-l'heure, sur l'existence d'un terrain particulier, est en rapport avec l'usage vulgaire, qui a toujours appliqué le nom d'*Ardenne* à cette étendue, quelqu'aient été les divisions politiques qu'on y a successivement établies.

Dénomination.

Elévation au-dessus de la mer.

Ce pays est plus élevé que les contrées environnantes. Cependant les sommets les plus hauts, dans la partie septentrionale, au département de l'Ourthe, ne surpassent pas 650 mèt. au-dessus de la mer. Je n'ai point de nivellement de la partie méridionale, mais j'ai lieu de croire que la différence n'est pas très-considérable; elle est peut-être un peu plus basse.

Cette élévation de l'Ardenne prouve comme on pourrait être induit en erreur, si on voulait juger de la pente générale d'un pays par la direction des eaux. En effet, si on examine le cours des rivières qui arrosent la partie orientale de la France, on observera que les environs de Langres (Haute-Marne) servent de point de division à des eaux qui s'écoulent dans la Méditerranée, dans l'Océan et dans la mer du Nord, et on en conclura naturellement, qu'à partir de cette montagne haute de 456 mèt. (1), le sol s'abaisse graduellement jusqu'à ces mers, et on ne se douterait point que la Meuse, par exemple, qui prend sa source au pied de cette montagne, vienne traverser à 22 myriamètres au Nord, entre Mézières et Givet (Ardennes), des plateaux dont la hauteur est au moins de 5 à 600 mètres, et que cette rivière arrivée à Liége (c'est-à-dire à 35 myriamètres en ligne droite de sa source, ce qui en ferait plus de 100 si on calculait les détours du courant); que cette rivière, dis-je, ne soit alors éloignée que de 3 à 4 myriamètres d'autres plateaux élevés de 650 mètres.

On ne peut juger de la pente générale d'un terrain par l'écoulement des rivières.

Cette contrée, dans son état naturel, s'il est permis de s'exprimer de la sorte, n'est pas très-montueuse; on y voit même des suites considérables de plateaux qui ne présentent que de légères ondulations. Mais dans les parties traversées par quelques rivières un peu importantes, telles que la Meuse, la Semois, l'Oure,

Aspect du pays.

---

(1) M. *Héricart de Thury*, Potamographie de la Meuse, *Journal des Mines*, n°. 70, p. 29.

la Warge, la Roër, etc., elle est déchirée par une multitude de vallées et de gorges extrêmement profondes, souvent très-resserrées, qui présentent des escarpemens de plus de 200 mètres de hauteur verticale. On peut, pour ainsi dire, considérer chacune des vallées où coulent ces rivières principales, comme des espèces de tiges d'où partent une infinité de rameaux secondaires, qui s'étendent sur les côtés en sillonnant toute la surface voisine. Il résulte de cette disposition, que cette région renferme des cantons très-montueux et d'autres presque plats, et que cependant les sommets des plateaux sont partout à peu près de la même hauteur, et le terrain de la même nature.

Le même terrain est quelquefois plat et quelquefois très-montueux.

Aridité de l'Ardenne.

L'Ardenne, placée dans le voisinage des riches plaines que nous venons d'examiner, est remarquable par son aridité : on y trouve d'immenses forêts, mais la majeure partie du sol ne présente que des landes qui forment, ou de vastes plateaux marécageux et absolument incultes, connus dans le pays sous le nom de *fagnes*, ou de mauvaises pâtures qu'on ne peut livrer à la culture qu'après un intervalle de 15 à 20 ans, et par un procédé particulier, appelé *essartage*; à peine y a-t-il quelques vallées étroites qui offrent de véritables prairies et des terres régulièrement cultivées.

Constitution géologique. Formation ardoisière.

J'ai déjà indiqué que tout le terrain de cette région appartenait à la formation ardoisière; il est composé de couches alternatives de schiste et de quartz, plus ou moins inclinées, très-souvent verticales, communément dirigées du Nord-Est au Sud-Ouest. Il me paraît qu'en général leur position est moins irrégulière que celle des couches de la formation bituminifère ; on y voit beaucoup moins de formes repliées ou contournées, et on observe souvent des plateaux entiers où l'inclinaison et la direction ne changent point.

Schiste-ardoise.

Les couches schisteuses sont les plus abondantes, elles se rapportent en général au schiste ardoise. Leur couleur la plus ordinaire est celle connue sous le nom de *bleu* ou *gris d'ardoise*, qui passe souvent au verdâtre, au rougeâtre, au gris ordinaire, etc. ; mais quelle que soit la couleur et même l'état d'altération du schiste ardoise, sa cassure, qui est schisteuse jusque dans ses plus petites parties, fournit presque toujours, ainsi que je l'ai dit ci-dessus, un moyen de le distinguer du schiste argileux. Ce dernier a aussi un état différent de décomposition, il se transforme ordinairement en une terre argileuse, quelquefois sablonneuse, tandis que l'ardoise présente une altération particulière : celle qui se trouve à la surface des plateaux est devenue blanchâtre, tendre, friable, douce au toucher, d'un aspect stéatiteux, et se réduit en une terre légère onctueuse qui ne fait point pâte avec l'eau. Il paraît, au reste, que cette altération est due, comme celle qui a changé le schiste gris en jaune, à un ordre de chose qui n'existe plus actuellement ; car non-seulement les ardoises employées à la bâtisse n'éprouvent rien de semblable, mais les couches qui se montrent au jour dans les vallées profondes ont encore conservé leur couleur bleuâtre et leur dureté. Or, on sait que dans les terrains inclinés, les couches du sommet sont les mêmes que celles du fond des vallées.

On emploie ces schistes comme moellon dans toute l'Ardenne, mais ils ne sont pas très-propres à cet usage. Dans plusieurs endroits ils sont susceptibles d'être taillés pour couvrir les toîts, et donnent une excellente ardoise. Les exploitations de ce genre les plus remarquables, sont celles de Viel-Salm (Ourthe), de Signy-le-Petit, de Rimogne, canton de Rocroy, et de Fumay (Ardennes). Cette dernière est la plus importante, ce qu'elle doit principalement aux débouchés que lui procure la Meuse : on en trouvera une bonne description dans l'*Atlas minéralogique* de M. Monnet.

Ardoisières.

Une modification de l'ardoise qui mérite attention, est la *pierre à rasoir* (schiste novaculaire, coticule, etc.) : on l'extrait à Salm-Château, canton de Viel-Salm (Ourthe), d'où on l'exporte dans toute l'Europe. Lorsqu'on voit la pierre à rasoir telle qu'elle est livrée au commerce, on doit s'en faire faire une idée assez fausse : on sait qu'elle a la forme d'un parallélipipède aplati, et partagé dans le sens de son épaisseur en deux tranches parallèles, l'une jaune, l'autre bleuâtre, d'où l'on doit naturellement conclure que cette pierre est formée comme les quartz-agates, sardoines, etc. de couches superposées, ce qui est très-loin de la vérité. La colline où l'on extrait cette substance, ne présente que des couches d'ardoises semblables à celles du terrain environnant, si ce n'est qu'elles sont traversées de tems en tems par des veines jaunes : ces veines sont très-singulières, car ce ne sont point des filons remplis

Pierre à rasoir.

postérieurement, c'est absolument une partie intégrante de la couche qui, par une cause quelconque, a pris une couleur différente : on n'aperçoit pas le plus petit joint entre les parties jaunes et les parties bleues, le tissu et la direction des lames restent les mêmes ; le changement de couleur n'arrête pas la division qu'on peut opérer dans un certain sens, et quelque puisse être la ténuité des lames, une fente commencée dans la partie bleue se propagera dans la partie jaune et réciproquement. Non-seulement j'ai répété cette expérience sur plusieurs échantillons, mais j'ai examiné attentivement les nombreux fragmens épars sur les haldes de l'exploitation, et j'ai toujours vu que le changement de couleur n'influait pas sur la cassure, ni sur cette division si facile à opérer dans les ardoises. Il y a cependant quelques différences de nature ou d'aggrégation entre les parties bleues et jaunes, puisque ces dernières sont meilleures pour aiguiser les rasoirs ; elles ne se comportent pas non plus de même au chalumeau, les parties bleues se fondent en verre noir, et les parties jaunes ne donnent qu'une fritte blanche. L'épaisseur de ces veines jaunes est très-variable, elles n'ont souvent que deux ou trois centimètres. Le travail de l'extraction consiste à rechercher et à détacher des fragmens qui présentent les deux couleurs ; on les taille ensuite sous la forme qu'on connaît à ces pierres.

Crayon des charpentiers.

Une altération de l'ardoise qui pourrait encore servir à un usage économique, c'est qu'elle devient noire, tendre, et semblable au *crayon des charpentiers*, ou schiste graphique. Il paraît que dans cet état elle serait aussi propre à la fabrication de l'alun, car elle se charge d'efflorescences salines. Ces altérations, qui se trouvent notamment dans les environs de Spa (Ourthe), méritent encore d'attirer l'attention sous un autre rapport, c'est qu'elles sont évidemment dues à la présence du carbone, qui devient quelquefois si abondant, qu'on a déjà dirigé dans ces terrains des recherches de houilles, infructueuses à la vérité. Cependant rien n'annonce que ces couches recèlent des corps organisés.

Ardoises abondantes en carbone.

Les ardoises sont ordinairement traversées par des filons ou veines plus ou moins larges de quartz hyalin blanc laminaire, quelquefois compacte : on sait que les petites cavités qui accompagnent les filons facilitent la tendance qu'ont les minéraux à se séparer et à prendre des formes régulières ; or, outre un très-grand nombre de cristaux de quartz hyalin très-bien prononcés, on voit dans ces filons des parties d'ardoises qui deviennent, par une série de nuances insensibles, de véritables matières talqueuses voisines de la stéatite et à la craie de Briançon. Ce talc conduit encore, par d'autres nuances, à une matière foliacée verte, qui donne souvent des indices de cristallisation, et qui est un véritable mica vert. M. Haüy soupçonne qu'il serait possible que le mica et le talc fussent réunis en une seule espèce. Il me paraît que parmi les faits qui peuvent contribuer à prouver que cette conjecture d'un homme de génie équivaut à une certitude, on peut citer ce passage intime que nous voyons dans nos filons, entre la stéatite

Talc et mica qui se confondent.

et le mica : il est tel, qu'à chaque instant on trouve des parties qu'il est impossible de décider à quelle espèce elles appartiennent; mais de plus, la liaison qui existe entre la stéatite et les ardoises, me paraît indiquer que ces dernières ont les plus grands rapports avec les roches talqueuses. Quelque singulier que puisse paraître ce rapprochement, il a déjà été pressenti par différens minéralogistes, et est encore annoncé par plusieurs autres circonstances. M. Monnet (1) dit que les ardoises des environs de Signy-le-Petit passent au talc, et cite un morceau qui était talc d'un côté et ardoise de l'autre. M. Baillet, dont l'exactitude et les lumières sont connues, a appelé *stéatiteuse* (2) la roche qui renferme la pyrite d'Enghien, et cependant cette roche n'est que l'ardoise ordinaire qui a subi cette altération que j'ai dit avoir lieu sur les sommets des plateaux, et qui effectivement lui donne tous les caractères des stéatites. A la vérité, les différences qu'il y a entre l'ardoise et certaines variétés de talc, sa grande ressemblance avec le schiste argileux, semblent exclure ce rapprochement; mais le géologiste doit être familiarisé avec ces apparences trompeuses. Quelle différence n'y a-t-il pas entre l'adulaire et les roches pétro-siliceuses, entre le marbre noir et le spath calcaire? Ne voyons-nous pas le schiste des houillères, la chaux carbonatée bituminifère feuilletée, et le quartz

Les ardoises pourraient bien être des roches talqueuses.

---

(1) *Descrip. min. de la France*, p. 89.

(2) *Journal des Mines*, n°. 14, p. 58.

noir schisteux se ressembler dans certaines circonstances, à un tel point qu'on ne peut les distinguer que par le secours des moyens chimiques ? Mais si d'un côté l'ardoise se confond avec le schiste argileux, elle touche par l'autre extrémité au *glimmer-schiefer* ou schiste micacé, et au talc chlorite schisteux; il y a de ce dernier, notamment dans la Loire-Inférieure, qui ressemblent à une ardoise altérée. L'analyse chimique ne peut être consultée dans ce rapprochement, ou pour mieux dire, elle ne peut que le favoriser, puisque les ardoises qu'on considère comme roches argileuses, contiennent ordinairement un peu de magnésie, et que parmi les talcs qu'on range dans le genre magnésien, le talc terreux de Mérowitz en Bohême, et la pierre de lard ou talc glaphique, renferment de 0,29 à 0,36 d'alumine et point de magnésie; que le talc blanc terreux de Freyberg en Saxe, renferme 0,81 d'alumine et moins de 0,1 de magnésie (1), etc.

Fer oligiste.

Le fer oligiste accompagne ordinairement la stéatite et le mica dans les filons quartzeux des ardoises. A Viel-Salm on le trouve très-bien cristallisé sous la forme basée, il y est en parties assez considérables, d'un gris d'acier très-brillant, qui rappelle les beaux échantillons de Suède. A Bihin, canton de Houffalize (Forêts), il est en masses laminaires: ce sont les deux seuls endroits où je l'aie observé

(1) *Voyez* les analyses de MM. Klaproth, Vauquelin et John (*Journal des Mines*, tom. XV, p. 241. *Bulletin des Sciences* 1808, n°. 10, p. 173.)

servé jouissant des vraies propriétés du fer oligiste ; mais dans tous les autres filons quartzeux, on voit de petites parties noirâtres qui paraissent contenir beaucoup de fer oxydé.

On trouve encore dans ces filons des indices de cuivre ; à Viel-Salm, c'est du cuivre carbonaté vert ; à Stolzembourg, canton de Vianden (Forêts), c'est le cuivre pyriteux. Cuivre.

J'ai déjà dit que lorsque l'ardoise s'approchait de la formation bituminifère du Condros, elle passait au schiste rouge. Le même effet se remarque encore sur le bord oriental de l'Ardenne, entre Gémund (Roër) et Dieckirch (Forêts), où elle avoisine la formation bituminifère de l'Eiffel et les grès rouges du Luxembourg.

Les couches quartzeuses qui alternent avec les ardoises de cette région présentent plusieurs variétés ; la plus abondante est le quartz grenu, il y est ordinairement traversé par des veines de quartz blanc compacte ou laminaire : ces veines sont quelquefois si nombreuses et s'unissent toujours si intimement avec la masse grenue, que je crois que le tout a été formé d'un seul jet, ce qui toutefois n'est pas très-facile à concevoir ; c'est une disposition qui a beaucoup d'analogie avec les marbres gris et blancs du Hainaut. Les couleurs les plus communes de cette roche sont le grisâtre et le bleu d'ardoise, quelquefois très-foncé : ces dernières ont tant de ressemblances extérieures avec certaines cornéennes homogènes ou trapps, qu'on n'a presque pas d'autres caractères pour les distinguer, que leur infusibilité et leur liaison avec les veines de Roches quartzeuses. Quartz grenu.

quartz blanc. C'est par cette variété bleuâtre que se fait ordinairement le passage avec les ardoises, tandis que la variété grisâtre passe plus souvent au grès.

Grès.

Le grès est assez rare en Ardenne, si ce n'est sur les bords voisins de la formation bituminifère, ainsi que je l'ai déjà dit; il en existe cependant dans l'intérieur : on exploite notamment entre Weisme et Malmédy (Ourthe), un beau grès blanc très-bien prononcé; mais ce grès a une tendance particulière à passer à l'état de brèche, et la carrière de Weisme en présente de très-remarquables. C'est une pâte de grès blanc farcie de globules de la grosseur d'un pois, de quartz hyalin gras transparent. Ces grès et ces brèches, dont la pureté et la couleur éprouvent naturellement beaucoup de variations, paraissent former une espèce de chaîne en couches parallèles et alternatives avec celles d'ardoise, dont on trouve des traces dans toute la longueur de l'Ardenne. Un des endroits où on peut le mieux les étudier, est le canton de Viel-Salm (Ourthe), où ils ont été exploités pour différens usages, et où on a fait des colonnes qui ont été vendues sous le nom de *granite rouge*. En effet, c'est encore là une de ces apparences trompeuses par lesquelles il est bien difficile de ne pas se laisser séduire : la pâte qui enveloppe les globules limpides devient d'un rouge plus ou moins prononcé qui, combiné avec d'autres parties demeurées blanches, produisent différens mélanges qui ont beaucoup de ressemblances avec le granite rouge; et comme ces brèches tendent quelquefois à passer au quartz

Brèche.

Brèche qu'on a prise pour du granite.

grenu feuilleté ou à l'ardoise, elles prennent si bien l'aspect de certains granites feuilletés ou *gneiss*, qu'on ne peut, pour ainsi dire, les reconnaître que par les circonstances de leur gisement, et par leur liaison avec les morceaux où l'on distingue encore la nature des élémens: quelquefois la pâte prend une couleur verdâtre, et alors on a du granite vert.

Parmi les caractères qui peuvent servir à distinguer les brèches du terrain ardoisier de celles de la formation bituminifère, on peut remarquer que les premières sont en général formées de grains plus petits, plus adhérens entre eux, que les fragmens roulés sont plus rares, qu'elles sont moins rouges, qu'on n'y voit point de quartz noir (*kiesel-schiefer*), qu'elles passent à l'ardoise au lieu de passer au schiste rouge.

Pierre à faux.

Dans la série des nuances offertes par le passage du grès à l'ardoise, il en est une qui mérite attention, parce qu'elle fournit la matière d'un commerce avantageux aux cantons de Viel-Salm (Ourthe) et de Houffalize (Forêts); je veux parler de la *pierre à faux*, que les marchands de Paris disent venir de Namur, ce qui signifie seulement qu'il y a un entrepôt de ces pierres dans cette ville. C'est un grès verdâtre très-micacé, et qui a déjà pris le tissu schisteux: quand il n'est pas tout-à-fait aussi feuilleté il sert à faire des meules à aiguiser.

Fer sulfuré.

Le fer sulfuré est très-commun dans cette formation; on le trouve cristallisé au milieu des roches d'ardoises et de quartz grenu: comme il est sujet à se décomposer, on ne voit souvent que la petite cavité qui était remplie par le cristal ; il existe aussi en dendrites.

Mines.

Je ne connais d'autres exploitations métalliques que la mine de cuivre de Stolzembourg, canton de Viauden (Forêts), décrite par M. Beaunier (1). Les mines de fer sont abondantes sur les bords de ce terrain, mais il paraît qu'en général elles appartiennent aux formations postérieures.

Eaux médicinales.

Les eaux médicinales ne sont pas étrangères au terrain d'ardoise, puisqu'on y trouve les célèbres sources acidules de Spa.

Singulier amas de cailloux du Malmédy.

Il existe à Malmédy (Ourthe) un amas qu'on doit plutôt appeler un dépôt de cailloux roulés qu'une masse de brèches. La plupart de ces cailloux sont quartzeux, quelques-uns calcaires ; ils sont faiblement agglutinés par un ciment rougeâtre qui a l'apparence d'une argile ferrugineuse ; la stratification n'y est pas très-sensible, mais on y reconnaît des couches horizontales : dans la partie inférieure il y a des cailloux très-considérables, leur grosseur diminue ensuite à mesure qu'on s'élève ; les dernières couches ne présentent même que des masses argileuses, qui empâtent de petits grains de quartz et de schiste verdâtre. Cet amas a moins d'un myriamètre de long sur une largeur d'un à deux kilomètres ; il s'étend le long de la rivière de Warge, et se montre principalement sur la rive droite, mais se retrouve aussi sur une portion de la rive gauche ; il constitue toute la pente, et s'élève à plus de 200 mètres

(1) *Journal des Mines*, tom. XVI, p. 92.

au-dessus du niveau de la vallée. Il ne paraît pas qu'il s'enfonce davantage, car le fond de la rivière est formé d'ardoises. Il n'y a pas de liaison entre les brèches ou cailloux roulés déposés horizontalement, et le terrain d'ardoise en couches verticales : la transition est toujours brusque ; de sorte qu'on ne peut concevoir la formation des premiers qu'en supposant qu'ils ont été déposés à la manière des failles ou filons, dans un creux pratiqué au milieu des ardoises. Mais en outre il paraît que ce dépôt a eu lieu avant le creusement de la vallée ; car si cette vallée eût existé, le dépôt de cailloux roulés se fût répandu dans une grande étendue, plutôt que de se grouper à Malmédy au point d'y former des escarpemens de plus de 200 mètres, et cependant, ce qui est très-digne de remarque, c'est qu'on ne trouve rien de semblable dans aucune partie de l'Ardenne.

L'origine de ces cailloux est inconnue.

L'origine de ces cailloux est encore plus difficile à concevoir que la manière dont ils ont été déposés ; car les fragmens de chaux carbonatée qui s'y trouvent, diffèrent de toutes les formations calcaires du Nord, de l'Est et du centre de la France ; ils sont compactes, très-durs, présentent des empreintes de zoophytes ; leur couleur est un gris-rougeâtre peu foncé ; ils ont quelque analogie, pour le tissu, avec le calcaire du Jura ; mais ce dernier a ordinairement une couleur blanc-jaunâtre qui le distingue très-facilement. On ne peut pas croire non plus qu'ils proviennent des marbres rougeâtres de la formation bituminifère ; car outre qu'il y a une différence dans la couleur et même dans le tissu, on sait que les marbres rouges ne forment que de petits points dans le calcaire bituminifère, et il est impossible qu'une cause physique, ait pu enlever ce marbre sans prendre également de la pierre bleue qui ne se rencontre point dans l'amas de Malmédy.

Débris de la formation ardoisière.

La formation ardoisière présente un grand nombre de débris, témoins des révolutions qu'elle a éprouvées : ce sont ou des quartz lamінaires blancs qui proviennent des filons, ou des quartz grenus. Il y a des masses de ces derniers qui ont souvent plusieurs mètres cubes. On trouve ces débris, non-seulement sur les plateaux et dans les vallées de l'Ardenne, mais encore sur les formations environnantes. Une partie des cailloux roulés qui existent dans la plaine du département de la Roër, paraissent avoir aussi la même origine. Enfin on reconnaît les roches de ce pays jusque dans les cailloux qui accompagnent les sables de la Campine.

Terrain meuble.

Le terrain meuble est très-peu abondant en Ardenne ; quelques plateaux ne présentent que cette terre blanche et légère produite par la décomposition des ardoises, d'autres sont recouverts de couches horizontales de sables, d'argiles, etc., qui ont la propriété de transformer les parties les plus élevées du Nord de la France en vastes marais.

Tourbe.

La tourbe fibreuse y est très-commune ; les paysans qui l'exploitent pour leur chauffage, sont persuadés que ce combustible se reproduit après un certain intervalle.

# HUITIÈME RÉGION.

## L'EIFFEL.

Démarcation.

Cette région s'étend entre l'Ardenne à l'Ouest, et le Rhin à l'Est, qui la sépare du grand-duché de Berg et des états de Nassau; elle est bornée au Sud par la Moselle, prise depuis son embouchure jusqu'à Berncastel (Sarre), et ensuite par une ligne idéale tirée de Berncastel à Artzfeld (Forêts); ses limites septentrionales traversent la plaine de la Roër entre Cologne et Duren. Cet espace a la forme d'un pentagone irrégulier, dirigé du Nord au Sud, long d'environ 10 myriamètres sur une largeur moyenne de 4 à 6, et comprend plus de la moitié du département de Rhin-et-Moselle, une partie de la Roër et de la Sarre, quelques communes de l'Ourthe et des Forêts.

Dénomination.

Le nom que je lui conserve est appliqué par l'usage vulgaire de la majeure partie de ce pays.

Cette région est peu connue.

Il n'est aucune portion du Nord de la France qui mérite autant d'attirer l'attention du minéralogiste que les montagnes arides de l'Eiffel; mais il n'en est pas non plus qui soit aussi peu connue. A la vérité, plusieurs observateurs instruits ont déjà donné des descriptions intéressantes de quelques parties de ce pays, mais la plupart se sont peu écartés du Rhin; d'autres n'ont fait connaître que certains cantons du revers occidental, aucun n'en a donné une idée générale. Parmi les causes auxquelles il faut attribuer l'ignorance presque absolue où l'on est demeuré sur le centre de cette région, la principale est le dénuement de grandes routes. Il était réservé au Héros qui a aplani les Alpes, d'étendre aussi sa main bienfaisante sur l'autre extrémité de son vaste Empire : bientôt les bons et hospitaliers Montagnards de l'Eiffel pourront se livrer à des genres d'industrie qui leur étaient étrangers, et les voyageurs examineront commodément un sol bouleversé par ces terribles incendies souterrains qui effraient encore une partie du globe.

Constitution physique.

Au reste, tout le pays compris dans la circonscription que je viens de tracer n'est point également montueux et aride. La Moselle et la Nette se jettent dans le Rhin au milieu de plaines fertiles ; la vallée où coule ce fleuve majestueux, réunit à l'aspect le plus pittoresque, aux escarpemens les plus rapides, des coteaux en pentes douces chargés de vignobles : l'espace entre Bonn, Cologne et Duren, fait partie de la vaste et riche plaine de la Roër ; dans les montagnes même, il existe des croupes volcaniques susceptibles de culture ; enfin, il y a le long de l'Ardenne une petite chaîne qui n'a point l'âpreté des parties centrales. Ces dernières peuvent être considérées comme de vastes plateaux, déchirés en tout sens par une infinité de gorges et de vallées excessivement profondes, et surmontés d'élévations coniques formées de basaltes, de laves poreuses, de tuffs volcaniques, etc.

Constitution géologique.

Cette région présente les formations trappéennes, ou plutôt basaltique, ardoisière, bituminifère, celle du grès rouge, et le terrain volcanique proprement dit.

Mais avant de m'occuper des basaltes, je me permettrai de donner quelques notions sur un autre terrain trappéen, qui n'a point encore été positivement observé sur le territoire français, mais qui en est si voisin, qu'il serait très-possible qu'il existât dans les montagnes de l'Eiffel. Je veux parler de la roche qui constitue le *Drackenfels* et le *Wolkembourg* (1), élévations qui font partie d'un groupe, connu sous le nom des *Sept Montagnes*, situées sur le bord du Rhin, vis-à-vis de Bonn, près la petite ville de Kœnigswinster, au grand-duché de Berg.

**Les Sept Montagnes.**

**Porphyre de Drackenfels.**

La roche de Drackenfels est une espèce de porphyre composé d'une pâte blanchâtre, qui enferme de grands cristaux limpides et de petites paillettes noires. Je regarde la pâte comme étant une cornéenne; il se pourrait cependant que ce ne fût qu'un feldspath grenu et altéré: du moins s'il entre de l'amphibole dans sa composition, c'est de cette variété blanche qu'on a long-tems appelé *grammatite*. Les cristaux sont du feldspath très-bien prononcé: quant aux paillettes noires, je n'oserais décider si ce sont du mica ou de l'amphibole; elles ont cependant une forme allongée qui indiquerait que c'est plutôt dans cette dernière espèce qu'il faut chercher leur type.

**Porphyre du Wolkembourg.**

La roche du Wolkembourg diffère un peu de celle du Drackenfels; son tissu la rapproche davantage des substances intermédiaires entre

(1) M. Deluc a appelé cette montagne *Volkemberg*: je me sers du nom de *Wolkembourg*, d'après les renseignemens que j'ai pris sur les lieux.

les porphyres et les granites (1) ; on n'y voit presque plus de gros cristaux de feldspath, cette substance paraît s'y mêler intimement avec la pâte, mais on y reconnaît distinctement de très-petits prismes d'amphibole verdâtres ou noirâtres, et des paillettes brillantes de mica. Quoique cette roche en général soit communément blanchâtre, elle a souvent une teinte de rougeâtre qui passe quelquefois au rose-gris-de-lin ; elle prend aussi dans certaines circonstances une couleur gris-verdâtre ; elle paraît un peu plus dure que celle du Drackenfels. Au reste, ces deux roches sont très-solides et très-recherchées dans les arts pour servir de pierre de taille, de carreaux, de bacs, etc. ; aussi elles alimentent de nombreuses exploitations, et se répandent, sous le nom de *pierre de Konigswinter*, sur les deux rives du Rhin jusqu'en Hollande.

Toutes ces roches existent en couches ordinairement verticales, et dirigées de l'Est à l'Ouest. Les parties extérieures, principalement au Drackenfels, ont éprouvé cette altération et cette décomposition qu'on remarque dans tous les terrains de roches cornéennes ou feldspathiques : on y voit entre autres des cristaux de feldspath passé à un état analogue à celui du kaolin.

Forme, etc. de ces deux montagnes.

Le Drackenfels est une montagne de forme conique, ou plutôt pyramidale très-escarpée

(1) Aussi M. Deluc l'a-t-il appelé *granite*. Il est étonnant que ce savant observateur, qui a examiné ce pays avec tant de détail, se borne à dire que cette roche est du granite, et que celle du Drackenfels est aussi primordiale.

du côté du Sud, dont le pied est baigné par le Rhin, et qui est attaché au Wolkembourg par une espèce de barre plus basse d'un quart environ que les sommets des deux montagnes. Le Wolkembourg a également la forme conique; son sommet tronqué présente un creux qui donne l'idée d'un cratère; mais, ainsi que l'observe fort bien M. Deluc, ce creux est le résultat du travail de l'homme, et l'on aperçoit encore les petites ruelles pratiquées dans les prétendues lèvres de ce cratère, par où les carriers exportaient leurs matériaux. Ces mêmes carriers, en jetant continuellement leurs débris sur les flancs du cône, y ont formé des amas qui, vus de loin, ressemblent à une coulée de lave. Cependant, quoique rien n'annonce l'action du feu dans ces deux montagnes, et que leur stratification semble exclure l'idée que cet agent ait concouru à leur formation, il ne serait point absolument hors de toute possibilité qu'elles eussent une origine volcanique, puisqu'elles se trouvent au milieu des montagnes basaltiques, et font, pour ainsi dire, système avec elles. Car il est bon de remarquer que le nom des *Sept Montagnes* donné à ce groupe, vient probablement des souvenirs attachés à ce nombre, puisque ces élévations font partie d'une chaîne qui se prolonge des deux côtés du Rhin.

Basaltes.

J'ai déjà prévenu qu'en rangeant les basaltes prismatiques dans la formation trappéenne, je ne prétendais pas en tirer d'induction en faveur de leur origine neptunienne plutôt que vulcanienne; il ne m'appartient pas d'entrer dans cette discussion: je me bornerai à la simple exposition des faits, et j'observerai en outre, que tout ce que je dirai des terrains volcaniques, sera encore plus imparfait que les autres parties de ce Mémoire : j'ai peu étudié cette branche de la géologie, et je n'ai pas encore vu d'autres volcans que ceux qui font le sujet de cet article.

Etendue où ils se trouvent.

Le terrain basaltique occupe dans le Nord-Est de la France, un espace qu'on peut représenter comme un parallélogramme, dont un des petits côtés est appuyé sur le Rhin, pris de Coblentz à Bonn (Rhin-Moselle); le grand côté septentrional peut être ensuite tracé par une ligne dirigée au Sud-Ouest de Bonn, au canton de Cronembourg (Ourthe), d'où l'on tirerait une troisième ligne à peu près parallèle au Rhin, qui se rapprocherait de la Moselle, au canton de Witlich (Sarre). Enfin le parallélogramme serait fermé par le cours de cette rivière jusqu'à son embouchure dans le Rhin.

Cet espace est loin d'être formé exclusivement de basalte; la masse du terrain y appartient, au contraire, à d'autres formations, principalement à celle des ardoises, et à quelques portions de terrain bituminifère et de grès rouge.

Leur nature.

Il est inutile de donner ici une description minéralogique de ces basaltes; ils ressemblent aux autres basaltes prismastiques si souvent décrits par les auteurs, c'est-à-dire, que ce sont des pierres dures compactes extrêmement tenaces, dont la cassure est irrégulière, légèrement grenue, la couleur d'un noir-bleuâtre, qui sont recouvertes d'une espèce d'écorce altérée remplie de cavités bulleuses : ces cavités s'étendent quelquefois dans l'intérieur du basalte, qui alors ressemble à une lave poreuse ; mais j'ai cru remarquer que ces pores sont souvent souillés de matières terreuses, tandis que ceux des laves poreuses sont ordinairement très-propres. Le péridot granuliforme olivâtre y est quelquefois si abondant, que la masse ressemble à un porphyre ; on y trouve aussi des cristaux noirs d'amphibole, peut-être même du pyroxène et du mica.

Leur forme.

Ces basaltes sont ordinairement sous la forme de prismes, dont la grosseur, le nombre des pans, la régularité, etc. sont sujets à beaucoup de variations ; mais ce n'est en général que lorsque les cônes ont été déchirés par une cause quelconque, qu'on y distingue facilement les beaux effets que produisent l'arrangement presque symétrique de ces prismes, posés à côté les uns des autres, sous des angles qui varient depuis le plan horizontal jusqu'au plan vertical ; car les parties extérieures sont, comme la plupart des couches ordinaires, traversées par un si grand nombre de fissures dirigées en tout sens, qu'on n'y aperçoit que très-peu la forme prismatique.

Il est souvent très-difficile de juger de la position des basaltes par rapport aux couches environnantes, parce qu'une grande partie du pays qu'ils occupent a été bouleversée par l'effet des volcans que je considère comme postérieurs à la formation des basaltes. Il y a cependant un très-grand nombre d'endroits où l'on voit ces basaltes dans ce que j'appelle leur état naturel, c'est-à-dire, sans aucunes traces de volcans secondaires, et notamment dans plusieurs parties des cantons d'Adenau, Luzerat (Rhin-Moselle), Manderscheid (Sarre), etc. (1). Alors le sol présente l'aspect de plateaux schisteux, au milieu desquels s'élèvent des cônes de basaltes plus ou moins élevés; mais ces cônes ne sont point placés sur le schiste, car non-seulement on voit souvent le basalte s'affleurer, pour ainsi dire, à la surface, ou ne former que des élévations à peine sensibles; mais lorsque le voisinage d'une vallée présente une coupe du terrain, on reconnaît que les basaltes s'enfoncent tout aussi bas que les vallées les plus profondes, et qu'ils sont recouverts par les schistes qui s'élèvent tout le long du cône, sans manifester plus de dérangement que ceux des autres couches inclinées.

Ils sont placés sous les ardoises.

Il y a des exemples que les basaltes se trouvent, sous l'apparence d'une couche, disposés parallèlement aux couches schisteuses : j'ai entre autre observé ce fait entre Kelberg, canton d'Ulmen, et Nohn, canton d'Adenau (Rhin-Moselle); mais ce cas est excessivement rare, et partout où on peut apercevoir la jonction des schistes avec les basaltes, on voit que les premiers posent toujours leurs feuillets, ordinairement verticaux, sur les prismes des seconds. C'est cette position que j'ai voulu indi-

---

(1) Dans la principauté de Nassau-Using, entre les bourgs d'Unkel-sur-le-Rhin et de Neustadt-sur-la-Veed-Bach, on trouve aussi un très-grand nombre de ces cônes basaltiques, sans aucunes autres traces de volcanisation.

quer par la place que j'ai donné aux basaltes, dans mon système de formation, sans vouloir affirmer qu'ils aient été réellement formés avant les ardoises ; car cette priorité d'origine n'est de rigueur que dans l'hypothèse neptunienne, et on conçoit que dans la supposition contraire, la force expansive des volcans peut avoir soulevé les ardoises de manière à recevoir les cônes basaltiques dans l'intérieur de leurs masses.

Ils sont plus anciens que les vallées.

Mais dans l'un et l'autre cas, je crois qu'il n'y a point de doute que les basaltes n'aient été formés avant l'érosion qui a creusé les vallées qui sillonnent actuellement le terrain d'ardoise, et à plus forte raison ceux de calcaire bituminifère et de grès rouge ; car lorsque les cônes basaltiques se trouvent sur le bord de ces vallées, ils sont brisés, déchirés, etc. tout de même que les ardoises. Quelquefois lorsque les vallées sont étroites, les parties de ces cônes se correspondent des deux côtés ; d'autres fois, lorsqu'ils sont moins avancés dans la vallée, leur base demeure intacte et même recouverte de schiste ; c'est notamment le cas du Landscroon, montagne du canton de Remagen (Rhin-Moselle), peu éloignée du Rhin, qui est encore soudée d'un côté aux plateaux environnans, et où le basalte est recouvert de schiste jusqu'aux deux tiers environ de sa hauteur : mais du côté de la vallée, ce schiste ne doit former qu'une légère enveloppe, puisqu'un petit éboulement qui a eu lieu au pied du cône, montre le basalte à découvert, fait qui me paraît indiquer qu'il y a entre les basaltes et les schistes une certaine adhérence qui a empêché l'éboulement total de l'enveloppe schisteuse lors du creusement de la vallée.

Il arrive aussi que les masses basaltiques ont tellement éprouvé les effets de ces causes érosives, qu'elles ont absolument perdu leur disposition conique. Je citerai entre autre une colline située entre Strohn et Hontheim, canton de Wittlich (Sarre), qui se présente sous la forme allongée et arrondie si commune dans les terrains de calcaire grossier, et une petite butte enfermée comme une île dans la vallée du Lisser, près de Daun (Sarre), dont le sommet taillé en plateau est bordé par une crête vive, formée de prismes perpendiculaires, qui rappellent ces beaux accidens connus sous le nom de *Chaussée des Géans.*

Basaltes sphéroïdaux.

Enfin, avant de quitter les basaltes, j'indiquerai une formation de sphéroïdes de cette substance, qui a lieu journalièrement près de Bertrich-Bath, canton de Luzerat (Rhin-Moselle). On y voit le long de la rivière d'Isbach des prismes verticaux, dont la base est ordinairement baignée par les eaux qui y déterminent une espèce d'exfoliation, s'il est permis de s'exprimer de la sorte : le prisme commence à se fendre dans le sens perpendiculaire à son axe, ensuite les arêtes de ces fragmens se décomposent successivement jusqu'à former de véritables boules qui finissent par s'écrouler, mais qui demeurent néanmoins comme empilées les unes au-dessus des autres pendant un certain tems. On sent bien que cette observation ne peut se faire que lorsque les eaux sont très-basses.

On emploie ces basaltes à faire des pavés, des bornes,

bornes, et même pour la bâtisse, quand on n'a pas d'autres pierres ; sa grande ténacité ne permet presque pas de le tailler : la carrière la plus célèbre est celle d'Unkel, canton de Remagen (Rhin-Moselle), qui a été décrite pour la première fois par M. Collini (1).

Sources médicinales.

Les sources médicinales ou eaux minérales, sont extrêmement abondantes dans la région basaltique : toutes participent plus ou moins des propriétés des célèbres eaux de Selters, sur la rive droite ; la plupart sont situées au pied de cônes basaltiques : les plus connues sont celles de Godesberg près Bonn, et de Thunnenstein près d'Andernach. Il existe aussi à Bertrich-Bath, canton de Luzerat (Rhin-Moselle), des eaux thermales.

Formation ardoisière.

La formation ardoisière de l'Eiffel occupe à peu près le même espace que les basaltes : cependant, du côté de l'Est, elle ne va pas au-delà des cantons d'Ulmen et d'Adenau (Rhin-et-Moselle) ; mais au Nord elle s'étend dans le canton de Rheimbach, où il paraît qu'il n'existe point de basalte.

Elle y a en général les mêmes caractères qu'en Ardenne. Les couches schisteuses semblent cependant un peu plus rarement bleuâtres, et ne diffèrent pas du schiste argileux d'une manière aussi tranchée que celles de l'Ardenne ; elles se montrent cependant dans plusieurs endroits sous la forme de véritable ardoise, et sont exploitées pour couvrir les toîts, principalement

Ardoises à couvrir.

(1) *Journal d'un Voyage*, ou *Observations sur les Agates, les Basaltes, etc.* Manheim, 1776.

dans le canton de Kaiser-Echs (Rhin-et-Moselle). Les couches quartzeuses y sont les mêmes qu'en Ardenne : je n'y ai seulement point aperçu de brèches, et je crois que les grès y sont plus communs et les quartz grenus plus rares.

Quartz.

Point de corps organisés.

Il n'est point encore à ma connaissance, qu'on ait observé des corps organisés dans les basaltes et dans les ardoises de la région qui nous occupe. A l'égard des dernières, on doit être très-circonspects à admettre les témoignages qui pourraient annoncer l'existence de ces corps, à cause de la grande ressemblance de certaines ardoises grises avec les schistes argileux de la formation bituminifère qui les avoisinent, et qui pourraient fort bien avoir poussé quelques lambeaux au milieu des collines d'ardoise.

Métaux.

L'analogie entre les terrains de formation ardoisière de l'Eiffel, et ceux des rives droites de la Moselle et du Rhin, indique qu'il doit y exister aussi des filons métalliques, tels que fer, cuivre et plomb : je n'y connais aucune exploitation.

Formation bituminifère.

Entre les ardoises de l'Ardenne et celles de l'Eiffel, on trouve une chaîne de chaux carbonatée bituminifère, qui s'élève hors de la plaine de la Roër, au Sud de Zulpich, et qui s'étend ensuite vers le midi sur une longueur de près de 12 myriamètres, et une largeur d'environ 20 kilomètres, jusqu'au-delà de Prum (Sarre), où elle s'enfonce sous le grès rouge.

Cette chaîne a les plus grands rapports avec celle qui longe l'Ardenne du côté du Condros. Le calcaire bituminifère y est semblable ; il alterne de même avec le schiste argileux gris qui passe au schiste rouge et au grès.

Mais un autre rapprochement plus important, est la grande abondance de filons métalliques. Le fer oxydé se trouve à peu près dans toute l'étendue de la chaîne ; il y appartient en général aux variétés rubigineuses et terreuses, quelquefois hématites. Un caractère qui le fera distinguer de la plupart des autres minerais de cette espèce, c'est qu'il contient beaucoup de manganèse qui le colore très-souvent en noir ou brun foncé. On y trouve même du manganèse oxydé pur et cristallisé. Ces minerais alimentent une grande quantité de hauts fourneaux et de forges, qui fournisent du fer de très-bonne qualité. Mines de fer oxydé très-abondantes.

De même que dans la chaîne occidentale, le plomb sulfuré accompagne aussi le fer oxydé : on cite notamment une mine de ce métal à Ambleyteisen (1), canton de Blanckenheim (Sarre). Plomb sulfuré.

Une circonstance qui établit une grande différence entre cette chaîne calcaire, et celles qui se trouvent dans les autres parties du Nord de la France, c'est qu'elle est traversée par les terrains basaltique et volcanique qui, au canton de Cronenbourg, s'approchent de l'Ardenne.

Le grès rouge existe dans le Sud-Est et le Nord-Est de l'Eiffel : de ce côté il constitue un petit bassin qui s'étend dans une partie des cantons de Schleyden (Ourthe), Gemund, Froitzheim et Duren (Roër), sur une longueur de Le grès rouge se trouve dans deux parties. 1°. au Nord-Est.

(1) Duhamel, *Journal des Mines*, t. XV, p. 322.

plus de deux myriamètres, recouvrant à l'Est le calcaire bituminifère que nous venons d'examiner, à l'Ouest les ardoises de l'Ardenne, et s'affaissant au Nord sous les plaines de la Roër.

Liaison entre ce grès et les couches inclinées.

J'ai déjà indiqué que ce grès appartenait aux formations en couches horizontales, et qu'il était le plus ancien de ces terrains; aussi il participe un peu des propriétés des terrains en couches inclinées, et sa jonction avec ces derniers est loin de présenter ces différences tranchées que nous avons remarquées entre la craie et le terrain bituminifère. On y voit, au contraire, des espèces de passages; les premières couches de grès sont souvent un peu inclinées, et elles présentent quelquefois un phénomène assez remarquable : ce sont des couches qui, pour rétablir le niveau, se terminent en pointe, et font à peu près l'effet de ce que les maçons appellent *lits d'affleuremens*. Ces couches inférieures sont ordinairement minces et argileuses, et se rapprochent ainsi des grès et des schistes des terrains inclinés, qui souvent prennent eux-mêmes une couleur rougeâtre qui les fait ressembler au grès rouge proprement dit. C'est avec les schistes et grès du terrain bituminifère, que cette transition est presque insensible : du côté des ardoises, les premières couches horizontales sont souvent des espèces de brèches grossières, souillées d'argile avec des fragmens plus ou moins gros d'ardoise. Après les premières couches irrégulières ou feuilletées, viennent les véritables couches de grès rouges en assises horizontales et très-épaisses, qui deviennent quelquefois des brèches, c'est-à-dire, qu'elles empâtent des cail-

Les premières couches toujours irrégulières.

Elles passent quelquefois à l'état de brèche.

loux quartzeux ordinairement arrondis, et plus abondans dans la partie inférieure de l'assise, que dans la partie supérieure. La couleur ordinaire de cette pierre est un rouge-brun qui tire sur le pourpre. Les dernières couches de ce bassin sont souvent blanches, et recouvertes par des amas de sables et de cailloux arrondis.

Mine de plomb de Bleiberg.

Mais un fait digne d'exciter la curiosité du géologiste et du métallurgiste, c'est que cette formation, ordinairement dépourvue de minerais métalliques, recèle ici une mine de plomb des plus abondantes; c'est celle de Bleiberg, canton de Gemund (Roër), qui est très-bien connue actuellement par la bonne description que vient d'en donner M. d'Artigues (1). Ce minerai existe dans les couches blanches; c'est un plomb sulfuré granuleux, disséminé par globules plus ou moins gros, dans un grès très-peu adhérent qui s'égrène facilement. Ce terrain plombifère se retrouve dans plusieurs autres parties de ce petit bassin, où il a donné lieu à plusieurs exploitations.

2°. Grès rouge du Sud-Est.

Les grès rouges de la partie méridionale de cette région ne sont que l'extrémité ou plutôt des lambeaux détachés de ceux que nous verrons dans le Luxembourg : on peut considérer l'espace qu'ils occupent, comme un triangle dont la base s'étendrait des environs de Witlich (Sarre), à ceux d'Atzfeld (Forêts), et dont le sommet serait à Steffeler, canton de Cronen-

---

(1) *Journal des Mines*, t. XXII, p. 341. *Voyez* aussi les notes de M. le Noir, *id.* t. XI, p. 190, et t. XV, p. 157.

bourg (Ourthe). Ils ne se trouvent jamais dans cet espace que par taches sur les parties élevées des plateaux ; le fond des vallées montre toujours les couches inclinées.

Rareté des corps organisés.

Les corps organisés sont si rares dans les grès rouges, que je n'ai pas encore pu en découvrir. Mais M. Wolf (1) a trouvé à Steffeler, dans des couches de cette substance très-bien prononcées, des empreintes de coquilles qui paraissent voisines des térébratules.

Terrain volcanique. Limites.

Le terrain volcanique, proprement dit, se renferme dans les mêmes limites que les basaltes, mais il n'abonde pas également dans toute l'étendue où existent ces derniers. On peut même le considérer comme formant deux groupes aux deux extrémités du terrain basaltique.

Groupe d'Andernach.

Le premier de ces groupes, qui est assez généralement connu sous le nom de *volcans éteints d'Andernach*, s'étend peu au-delà des cantons d'Andernach, Mayen et Wehr (Rhin-Moselle). Comme on a de très-bonnes descriptions de la plupart de ces volcans dans les ouvrages de MM. Collini, Deluc, Faujas de Saint-Fond et Cordier, je ne ferai qu'en rappeler ici les principaux traits.

---

(1) M. Wolf est un artiste de Spa, qui vend, sous le nom de *Cabinet minéralogique du département de l'Ourthe*, de petites collections très-intéressantes, car elles contiennent les minéraux qui existent dans la Flandre, le Condros, l'Ardenne et l'Eiffel. Il est aussi l'auteur d'une très-bonne *Carte géologique du département de l'Ourthe*, sur laquelle il a indiqué les diverses formations de terrains, les produits minéraux et industriels, etc.

En considérant ces produits volcaniques sous le rapport de leur situation géologique actuelle, on peut y distinguer deux grandes divisions : ceux qui se trouvent dans l'état où les a laissé la fluidité ignée, et ceux qui paraissent avoir été déposés ou du moins remaniés par un liquide.

Lave poreuse.

Parmi les premiers se rangent les laves poreuses, dont une des modifications les plus importantes est celle qui sert à la fabrication des meules, et qui est très-répandue dans le commerce, sous le nom de *pierre meulière du Rhin*. On l'extrait principalement dans les environs de Nieder-Mennich, canton de Mayen, où il y a de magnifiques carrières très-bien connues par un Mémoire de M. Faujas de Saint-Fond (1). Cette lave est criblée d'une infinité de petits pores. Il est difficile de se refuser à l'idée qu'elle ne soit formée d'une pâte analogue à celle des basaltes, dont elle a la couleur et une partie de la ténacité. Elle est traversée par des fissures verticales qui la divisent en prismes, qui n'ont aucune apparence de régularité, et qui sont quelquefois très-considérables. Elle forme ordinairement des coulées recouvertes de différentes couches de tuff. Les laves poreuses et les scories volcaniques existent aussi en fragmens isolés épars sur le sol, dont la grosseur varie depuis celle de petits globules jusqu'à des blocs de plusieurs mètres cubes.

Pierre meulière.

Elle est en prismes irréguliers.

Substances contenues dans les laves.

Ces laves renferment diverses substances minérales, telles que le feldspath limpide et cris-

(1) *Annales du Muséum d'Hist. nat.*, t. I, p. 181.

tallisé, l'amphibole, le mica, le péridot, le quartz, une substance bleue qu'on avait d'abord prise pour un spinelle, mais qui est cette espèce nouvelle (la haüyne) que M. Neergaard a fait connaître sous un nom qui sera toujours cher aux personnes qui cultivent la minéralogie (1) : M. Cordier y a aussi observé le pyroxène, etc.

Matières volcaniques remaniées par les eaux.

En considérant les matières volcaniques remaniées par les eaux, sous le rapport des usages auxquels leur état d'aggrégation les rend susceptibles, on pourrait appeler *brèches volcaniques*, celles formées de fragmens pierreux assez adhérens pour servir de pierre de taille. Le *tuff volcanique* de ce pays est célèbre dans les arts sous le nom de *trass d'Andernach*, ou plus improprement *terrasse de Hollande*. On sait qu'il est extrêmement avantageux pour les constructions hydrauliques, et qu'il donne lieu à un commerce très-important : on l'exploite dans un grand nombre d'endroits des cantons d'Andernach et de Mayen : on extrait aussi à Bell, canton Mayen, une autre modification du tuff qu'on emploie à faire des fours, d'où elle a emprunté le nom de *pierre à four* (*bacofstein*).

Nature, etc. de ces substances.

La masse principale de toutes ces couches est une matière grisâtre, qui ne laisse pas d'a-

(1) *Journal des Mines*, t. XXI, p. 365, et *Journal de Physique*, t. LXV, p. 464. M. Nose vient cependant de découvrir dans ces laves, des cristaux de deux autres substances minérales différentes de la haüyne, et qu'il croit appartenir à des espèces nouvelles beaucoup plus rapprochées du spinelle.

voir certains rapports avec les schistes des environs, et qui renferme un grand nombre de substances minérales; ce sont en général les mêmes espèces que dans les laves poreuses; et ce qu'il y a de plus remarquable, c'est une grande quantité de pierres ponces blanches, qui sont sur-tout très-communes dans les terres qui recouvrent cette partie de la vallée du Rhin. Le tuff contient aussi des fragmens de charbon à tissu ligneux (1), des morceaux d'ardoise de grès, etc. Le sable attirable, que les belles recherches de M. Cordier nous ont fait connaître comme une nouvelle modification du fer, que ce minéralogiste appelle *fer titané*, est très-commun dans ces cantons.

**Aspect, etc. du terrain volcanique.**

Ces terrains volcaniques s'étendent de la vallée du Rhin jusqu'au sommet des montagnes, ou pour mieux dire, entre Andernach et Mayen; ils constituent presque exclusivement le sol de la plaine et des montagnes; ils y forment des élévations coniques très-considérables; toute la surface a une apparence bouleversée. Un des endroits les plus dignes d'attention, est le célèbre étang de l'Abbaye du Laach ou Closter-Laach, qu'on a comparé à un cratère, mais que M. Deluc trouve trop considérable pour lui attribuer cette origine: en effet, ce serait un immense cratère qu'un creux qui a plus de cinq kilomètres de tour à sa base, et dont les rebords sont élevés de plus de 200 mètres. En général, il paraît que la plupart des bouches qui ont

(1) Blumenbach, *Journal des Mines*, t. XVI, p. 23. Deluc, *Lettres*, *etc.*, tome IV, page 261.

vomi ces matières volcaniques ont été bouchées par d'autres catastrophes.

Les terrains volcaniques sont postérieurs au creusement des vallées.

J'ai dit qu'il n'était pas démontré que les basaltes eussent été formés avant les ardoises, mais qu'il était certain qu'ils avaient précédé le creusement des vallées. Quant au terrain qui nous occupe actuellement, il n'y a pas de doute qu'il ne soit postérieur aux ardoises, et tout me porte à croire qu'il est plus récent que le creusement des vallées: d'abord partout où l'on aperçoit le point de jonction, on voit qu'il recouvre toujours les ardoises, et qu'il descend, pour ainsi dire, le long de ces dernières depuis les plateaux les plus élevés jusqu'aux endroits les plus enfoncés; de sorte que pour concevoir ce fait dans la supposition contraire, il faudrait imaginer que l'action des volcans eût d'abord enlevé une partie des ardoises, et formé des espèces d'entonnoirs qui se seraient remplis en partie par les produits volcaniques. Mais une autre observation qui me paraît laisser peu de doute à cet égard, c'est la grande quantité de tuff volcanique qui constitue le sol des vallées; car des couches aussi tendres eussent été enlevées jusqu'à une grande profondeur par les catastrophes violentes qui ont eu assez de force pour déchirer et emporter les couches dures de quartz et de schistes; ensuite elles eussent été recouvertes par les cailloux roulés et autres debris que forme le sol de la vallée en dessus et en dessous du terrain volcanique.

Recherches sur le tems où ces volcans étaient en action.

D'un autre côté, l'état actuel de ce terrain annonce qu'il a aussi éprouvé l'action de quelques catastrophes violentes, qui ont débouché les gorges comblées par les éruptions, qui en ont creusé de nouvelles au milieu des cônes volcaniques, qui ont mis à nu ces énormes morceaux de laves qui reposent sur le sol, etc. La déposition du tuff en couches horizontales semble aussi indiquer que les matières qui le constituent ont été rejetées au milieu d'un liquide ; mais ce liquide devait être déjà très-différent de ceux qui ont déposé les couches de calcaire horizontal qui paraît ne point exister dans cette région.

D'après ces observations, s'il m'était permis de hasarder une idée sur l'époque où ces volcans étaient en activité, je dirais qu'il faut la chercher entre la formation des derniers terrains secondaires, et la dernière révolution qui a agi sur la surface de notre globe.

Les volcans de la partie orientale de l'Eiffel ont, pour ainsi dire, été découverts par M. Dethier, qui les a fait connaître (1) sous le nom de *Volcans éteints de la Kill supérieure :* ils paraissent former aussi un groupe particulier, qui serait en général renfermé par une figure elliptique qui comprendrait les cantons de Daun, Gerolstein, Lyssendorf (Sarre), et la commune de Steffeler, canton de Cronenbourg (Ourthe). Volcans de la Kill.

Le terrain où ces volcans ont agi n'est plus, comme à Andernach, composé d'ardoise ; il appartient en général à la formation bitumifère et à celle du grès rouge. Les produits volcaniques y présentent aussi quelques

---

(1) Coup-d'œil sur les Volcans éteints de la Kill supérieure. *Paris*, an 11., *Marchant.*

Laves poreuses.

différences ; les laves poreuses y sont toujours formées d'une pâte analogue à celle des basaltes, mais leur porosité n'est plus la même ; les petits pores presque réguliers des meules de Niedermeneich sont remplacés par des cavités beaucoup plus considérables, et irrégulièrement réparties dans la masse ; on les emploie également à faire des meules, mais la grandeur des cavités les rend peu propres à moudre le blé ; et c'est principalement pour les moulins qui préparent les écorces destinées aux tanneries qu'elles sont recherchées : on fabrique beaucoup de ces meules à Houffelzhein, près de Roqueskill, canton de Gerolstein (Sarre).

Scories.

Les scories y sont en général plus noires que celles d'Andernach, et ressemblent encore plus à *de la pierre brûlée*, comme disent les paysans. Il en est de même d'une espèce de *brèche volcanique* noire, nommée *pierre à four*, et qui est différente de la pierre à four de Bell. Les brèches volcaniques semblent en général plus abondantes sur les bords de la Kill que sur les rives du Rhin : on les y emploie non-seulement à la bâtisse, mais on en fait encore des meules de mauvaise qualité.

Brèches.

Tuff.

Quoique les tuffs volcaniques soient aussi très abondans dans ces cantons, on n'en tire aucun parti ; ce qui provient plutôt du défaut de débouchés que de leur nature.

Minéraux contenus dans les produits volcaniques.

Je ne sache pas qu'on ait encore observé le feldspath et la haüyne parmi les produits de ces volcans ; l'absence des pierres ponces, si communes à Andernach, est encore un caractère distinctif; mais le péridot, l'amphibole, le mica, etc. y sont très-communs; on y trouve quelquefois des masses de péridot granuliforme très-considérables. Les tuffs contiennent souvent des fragmens de schistes et de grès rouge.

Epoque et intensité de ces volcans.

Tout annonce que ces volcans ont agi à la même époque que ceux d'Andernach; mais il paraît qu'ils n'ont jamais eu la même force d'action que ces derniers. Le terrain qu'ils occupent n'est pas aussi complètement volcanisé; il n'est presque pas d'endroits où on ne puisse découvrir les couches ordinaires en dessous ou à côté des matières qui ont été modifiées par le feu; les cônes volcaniques n'y sont pas aussi considérables ni aussi pressés les uns à côté des autres, etc.

Glacière naturelle.

Les bords de la Kill présentent une de ces curiosités naturelles qui paraissent toujours tenir du prodige aux yeux du vulgaire; c'est une grotte pratiquée dans une brèche volcanique qui, ayant son ouverture au Nord, offre le phénomène des glacières naturelles; la glace qui s'y accumule vers la fin de l'hiver et le commencement du printems, s'y conserve pendant tout l'été, et ne disparaît entièrement qu'à la fin de septembre. Cette grotte est située près de Rode, canton de Gerolstein.

Volcans de Bertrich-Bath et d'Ulmen.

Quoique presque tous les volcans éteints de l'Eiffel se rattachent à ces deux groupes, il en existe encore quelques-uns isolés dans les autres parties du terrain basaltique, tels sont ceux de Bertrich-Bath, canton de Luzerat (1),

(1) *Journal des Mines*, n°. 55.

et d'Ulmen : ce dernier, toutefois, fait presque partie du groupe de la Kill, mais il est remarquable, parce qu'il paraît que la force du feu souterrain y était beaucoup moins intense que dans les autres volcans; on n'y aperçoit que des couches horizontales de tuff ou de grève qui semblent formées de schistes pulvérisés : on y voit beaucoup de fragmens de ces schistes très-peu altérés; enfin on n'y trouve rien de fondu ni de vitrifié.

Faiblesse de ce dernier.

Terrain meuble.

Il est inutile d'ajouter que le terrain meuble est très-peu abondant dans la partie élevée de l'Eiffel; mais il n'en est pas de même dans la vallée du Rhin et la plaine du département de le Roër. Cette plaine aurait presque mérité de former une petite région particulière. Pour se la représenter, il faut concevoir que les terrains élevés et montueux qui s'étendent entre le Rhin et la Meuse éprouvent un affaissement subit vers Bonn, Aix-la-Chapelle et Visé, près Liége, et que tout l'espace inférieur n'est plus couvert que de débris. D'après la nature de ce travail, qui envisage plutôt la constitution géologique du pays que son aspect, j'ai dû partager cette belle plaine. Ainsi la partie septentrionale, formée de sable comme la Campine, a été réunie à cette région. La partie Sud-Est où l'on retrouvait le calcaire horizontal et le terrain bituminifère, devait se répartir entre la Flandre et le Condros. Enfin il restait une troisième portion qui, par sa position au pied des montagnes de l'Eiffel, annonce que ces débris doivent y recouvrir le même terrain que celui qui constitue le sol de ces montagnes. Cette opinion est d'autant plus

La plaine de la Roër.

probable, qu'on retrouve au-delà du Rhin, dans le grand-duché de Berg, des couches analogues à celles que nous avons vues sur la rive gauche, et notamment des houilles, etc.

Lignite de Liblar.

Les débris de cette plaine recèlent des amas très-intéressans qu'il me suffit d'indiquer, parce qu'ils sont très-bien connus par la description de M. Faujas de Saint-Fond (1). Je veux parler du lignite des environs de Bruhl (Roër), répandu dans le commerce sous le nom de *terre d'ombre de Cologne*. La principale exploitation est celle de Liblar : on l'emploie non-seulement à la peinture, mais son principal usage est comme combustible : on y trouve des troncs presque entiers de gros arbres monocotylédons, etc.

Tourbe.

On extrait de la tourbe ordinaire sur les terrains volcaniques des cantons de Gerolstein, etc.

## NEUVIÈME RÉGION.

### LE HUNDSRUCK.

Introduction.

On ne donnera que quelques faits sur cette région.

Je n'ai presque point étudié les contrées que je réunis dans cette région, et on ne doit considérer ce que je vais en dire, que comme l'ébauche d'un travail plus important réservé à d'autres observateurs. A cet égard, j'ai la satisfaction de voir que la partie la plus intéressante de ce pays, est la portion de la France

(1) *Journal des Mines*, n°. 36; *Annales du Muséum d'Hist. nat.*, tome I, page 445.

septentrionale qu'on connaît le mieux (1), et que l'un des minéralogistes (2) auxquels nous devons déjà de précieuses descriptions de ce sol remarquable, habite encore sur les lieux, et nous fera probablement jouir de nouvelles observations qui rempliront les lacunes qui existent dans l'esquisse que je vais tracer. J'avoue aussi que cette région, telle que je l'établis, me paraît, pour me servir du langage des zoologistes, moins naturelle que celles dont nous nous sommes occupés jusqu'à présent; peut-être qu'en la connaissant mieux, on trouvera les moyens de la diviser d'une autre manière.

Démarcation.

Quoi qu'il en soit, elle forme dans les limites que je lui assigne, une espèce d'ellipse dont le grand diamètre, dirigé du Nord au Sud, entre Coblentz et Sarrebruck (Sarre), a plus de 13 myriamètres de long; ses limites sont du

(1) *Voyez*, 1°. les différentes Descriptions des mines de mercure du Palatinat, par MM. Schreiber, Beurard, etc., dans les n^os^. 4, 6, 7, 11, 12, 13, 17, 25 et 41 du *Journal des Mines*; 2°. les Mémoires de MM. Beurard, Duhamel, Cavilier, etc., sur différens produits des départemens de la Sarre et du Mont-Tonnerre, n^os^. 11, 13, 34, 44, 46, 84, 88, etc. du *Journal des Mines*; 3°. le Voyage géologique de Mayence à Oberstein, par M. Faujas de Saint-Fond (*Annales du Muséum d'Hist nat.*, t. V, p. 294); 4°. le Voyage de M. Collini que j'ai déjà cité.

(2) M. Beurard, commissaire du Gouvernement auprès des mines de mercure, auteur de plusieurs autres ouvrages relatifs à la minéralogie.

J'apprends aussi que deux naturalistes déjà connus avantageusement, parcourent en ce moment ces contrées. Ce sont M. Brard, attaché au Muséum d'Histoire naturelle, et M. Lainé.

côté

côté de l'Est, le Rhin, pris de Coblentz à Bingen (Mont-Tonnerre), et ensuite une ligne qui longerait la chaîne de montagnes du Donnersberg, en passant par les environs de Voelstein, Goelheim, Kaiserlautern et Hombourg (Mont-Tonnerre), jusqu'à Sarrebruck, d'où l'on suivrait le cours de la Sarre (1) et de la Moselle, pour la séparer à l'Ouest du Luxembourg et de l'Eiffel.

Cet espace comprend une grande partie du département de la Sarre, des portions moins considérables de Rhin-Moselle et du Mont-Tonnerre, enfin quelques communes de la Moselle. Le nom de *Hundsruck*, dont l'origine est très-ancienne, est appliqué par l'usage vulgaire aux pays compris entre la Nahe et la Moselle, et comme cette partie est plus considérable que les autres petites contrées enfermées dans les limites que je viens d'indiquer, j'ai cru pouvoir employer cette dénomination pour désigner toute l'étendue, d'autant plus que le Hundsruck, proprement dit, étant exclusivement montueux, son nom rappelle un des caractères particuliers de cette région. Dénomination.

Le relief de ces contrées, leur aspect et leur situation agricole, ont beaucoup de rapports avec l'Eiffel, ou plutôt avec l'Ardenne et le Condros, car on n'y voit point d'élévations coniques. Le pays entre la Moselle, la Nahe et le Glan, ressemble aux plateaux de l'Ardenne, Aspect physique.

(1) Cette partie des limites le long de la Sarre est très-vicieuse. Je n'ai point été à même de la vérifier, et je ne crois pas qu'elle soit toujours en rapport avec la différence du sol.

et les croupes arrondies de la chaîne du Donnersberg et des bords de la Sarre, rappellent les collines des bords de la Meuse.

Constitution géologique.

On trouve dans cette région toutes les formations que j'ai établies dans nos terrains en couches inclinées, et celle du grès rouge. Je vais indiquer quelques-uns des lieux où elles se trouvent.

Formation trappéenne.

La formation trappéenne, qui est très-rare dans les autres parties du Nord de la France, est très-abondante dans celle qui nous occupe : elle commence à se manifester au Sud-Ouest de Mayence, vers Creutznach, embrasse presque toutes les mines de mercure et le Donnersberg, en s'étendant jusqu'au-delà de Birckenfeld (Sarre). Il paraît même qu'elle pousse ses ramifications jusqu'aux environs de Trèves (1) et de Tholey (Moselle) (2) ; de sorte que cette chaîne traverserait toute la largeur de cette région, et s'enfoncerait à ses deux extrémités sous le grès rouge et le calcaire horizontal.

Les masses principales qui la composent peuvent se rapporter aux roches cornéennes et feldspathiques (pétro-silex).

Cornéenne amygdaloïde. Agates, etc. d'Oberstein.

L'une des plus remarquables et des plus connues est la cornéenne amygdaloïde d'Oberstein, qui renferme ces belles agates si célèbres dans les arts, et ces magnifiques géodes qui

(1) J'ai observé une roche cornéenne verte, pointillée de rouge, au pied du plateau schisteux qui sépare la vallée de la Moselle, près de Trèves, de la gorge où se trouve le village de Cassel, canton de Schweich.

(2) La description que donne M. Monnet (pages 163, 164 et 165), de certaines roches de Tholey, me paraît indiquer de véritables cornéennes.

font l'ornement des cabinets de minéralogie et qui présentent au milieu de presque toutes, les modifications connues de l'espèce quartz, des cristaux de chabasie, d'harmotome, de chaux carbonatée, etc. La pâte de cette roche est une cornéenne de couleur rougeâtre tirant sur la lie-de-vin, qui passe quelquefois à d'autres teintes, et qui renferme, outre les géodes et les agates que je viens d'indiquer, un grand nombre de globules de chaux carbonatée blanche, ordinairement enveloppée d'une matière verte qui paraît voisine du talc chlorite. Ces roches ont une singulière tendance à se décomposer : les parties superficielles ont toujours perdu leur force de cohésion et se divisent en grumeaux dès les premiers coups de marteaux. Toutes les collines qu'elles constituent sont arrondies et recouvertes d'une terre rougeâtre grumeleuse qui provient de cette décomposition. C'est encore dans ce phénomène qu'il faut chercher l'origine des agates, des prehnites rayonnées, etc. qu'on trouve éparses dans le terrain meuble de ces contrées.

Cornéenne homogène.

Une autre roche cornéenne qui mérite encore d'être citée, est celle décrite par M. Faujas, sous le nom de *trapp de Martenstein*, et qui est très-commune entre le canton de Sobernheim (Rhin-Moselle), et celui de Birckenfeld (Sarre). C'est une pierre homogène, dure, sonore, à cassure matte, qui agit sur le barreau aimanté, d'une couleur noirâtre ou bleuâtre foncée, qui ne s'altère point aux influences météoriques; elle forme des collines dont les escarpemens sont rapides. Ses couches se divisent en fragmens prismatiques, qui pré-

I 2

sentent l'aspect des montagnes de *trapp* des minéralogistes suédois. Cette roche me paraît un véritable *grunstein* des auteurs allemands; car j'y ai observé quelques petites taches où les parties constituantes semblaient s'être isolées, et montraient des indices d'amphibole noir et de feldspath blanc. Il se pourrait aussi que cette roche fût un *amphibole compacte*. Elle est ordinairement, comme les ardoises, en couches presque verticales : on la rencontre quelquefois en fragmens arrondis, qui rappellent les basaltes globuleux. Enfin, on trouve beaucoup d'intermédiaires entre cette roche et les cornéennes lie-de-vin.

Feldspath compacte.

J'indiquerai encore deux autres modifications de ces roches de formation trappéenne : ce sont celles que je considère comme des feldspaths compactes (pétro-silex). L'une, qui se trouve notamment à l'Ouest d'Oberstein, est une pierre homogène, assez dure pour rayer le verre, dont la pesanteur spécifique est de 2,6233, la couleur rougeâtre, la cassure imparfaitement conchoïde, le tissu compacte, qui se fond au chalumeau en émail blanchâtre, etc. L'autre est formée d'une pâte qui paraît analogue à celles dont je viens de parler, qui enferme de petits cristaux de feldspath blanc. Elle existe au Donnersberg, à Creutznach, etc. etc.

Porphyre.

Basaltes, etc.

Il est très-possible qu'il y ait des basaltes, et même de véritables produits volcaniques dans le Hundsruck, sur-tout dans la partie voisine de l'Eiffel. Tout ce que je puis dire à cet égard, c'est que je n'en ai vu aucun indice.

Formation ardoisière.

La formation ardoisière occupe à elle seule la plus grande partie des pays compris entre la

Moselle, la Nahe et le Glan; elle y est composée, de même que dans les autres régions, de couches de quartz et de schiste ardoise. Ce dernier y est très-souvent susceptible d'être taillé en ardoise de toits, et y présente les altérations et même les passages aux substances talqueuses que nous avons remarquées en Ardenne. On voit, notamment à Oberhausen, canton de Kirn (Rhin-Moselle), et à Bergen, canton d'Herstein (Sarre), de ces schistes qui deviennent luisans, onctueux, et qui paraissent même se rapprocher des schistes micacés. La terre légère et onctueuse qui recouvre le grand plateau d'Irménach, canton de Trarbach (Rhin-Moselle), a la propriété, lorsqu'elle a été humectée, de prendre, en se desséchant, un luisant remarquable.

Ardoise qui passe au schiste luisant.

La plupart des plateaux d'ardoise sont traversés par des espèces de crêtes plus élevées de roches quartzeuses, qui sont souvent couronnées par des couches verticales demeurées en place, tandis que les côtés de l'élévation sont couverts de débris de ces mêmes roches. On peut citer pour exemple de ce fait, une montagne du canton de Kirn, située entre Oberhausen et Rorhbach, qui est entièrement recouverte d'énormes blocs de quartz. On croirait voir les déblais d'une carrière, s'il était possible que des déblais embrassassent toute une montagne et présentassent des fragmens de plusieurs mètres cubes. Ces roches appartiennent en général à la variété grenue de couleur grisâtre, et sont traversées par une infinité de veines ou filets de quartz compacte ou laminaire très-blancs. Ces derniers sont, comme en Ardenne,

Roches quartzeuses.

Quartz grenu, laminaire et compacte.

très-communs dans les filons qui traversent les ardoises, et se trouvent aussi en blocs isolés à la surface du sol.

Ils sont contemporains ou antérieurs aux ardoises, mais non pas postérieurs.

Cette situation élevée des couches quartzeuses, et la position de leurs débris au-dessus des ardoises, avait fait dire à M. Collini, que *les quartz servaient de toits aux ardoises*. Cette opinion ne me paraît pas conforme à l'état des choses. D'abord, elle est absolument contraire aux observations que j'ai faites dans ce pays, et spécialement en Ardenne, où j'ai vu des alternatives très-bien prononcées de couches schisteuses et quartzeuses. Ensuite je ne conçois pas comment des crêtes éloignées les unes des autres, dans lesquelles on réconnaît des couches verticales, pourraient être le résultat d'une déposition superficielle. Il est bien plus naturel de supposer que les couches quartzeuses, disposées verticalement comme celles d'ardoises, s'élèvent au milieu de ces dernières ; et comme elles sont beaucoup plus dures et moins altérables, elles auront pu résister, d'une manière plus efficace, aux causes érosives qui ont creusé les vallées, et auront, pour ainsi dire, protégé les couches plus tendres qui se trouvaient des deux côtés ; ce qui indique que ces couches sont contemporaines ou antérieures aux ardoises, mais qu'il est impossible qu'elles soient postérieures.

Point de corps organisés.

Je ne sache pas qu'on ait encore trouvé de corps organisés dans cette formation et dans celle des trapps. J'ai dit dans l'introduction, qu'on ne pouvait pas bien juger de la superposition des couches de ces deux formations à cause de leur inclinaison. Tout ce que je puis ajouter, c'est que j'ai vu des schistes sur des cornéennes, et que je n'ai pas encore remarqué de cornéennes sur les schistes. On dit cependant que ce fait a lieu dans certaines mines de mercure; mais on paraît indiquer en même-tems, que ces mines ont éprouvé quelques bouleversemens particuliers.

Les trapps paraissent les plus anciens.

Je ne connais presque pas la formation bituminifère de cette région. Le terrain houiller, proprement dit, forme deux espèces de bassins, l'un, qui commence à se manifester dans les environs de Creutznach, avoisine une partie des mines de mercure, et s'étend au moins jusqu'au-delà de Meisenheim (1) (Sarre); l'autre renferme les exploitations des environs de Sarrebruck, et forme, dit M. Duhamel (2), une ellipse longue de près de 4 myriamètres, dont le grand diamètre est dirigé du Nord-Est au Sud-Ouest de Welsweiller (Sarre), à Sarre-Louis (Moselle).

Terrain houiller.

Bassin de Meisenheim.

Bassin de Sarrebruck.

La position de ces deux bassins me porte à croire qu'il y a une espèce de chaîne de terrain bituminifère le long de la partie méridionale de cette région, qui s'adosse en certains endroits sur les roches trappéennes, et qui se perd sous les grès rouges. Mais ce terrain me paraît différer un peu de celui qui renferme les houilles des bords de la Meuse, de la Sambre, de l'Escaut, etc. dont j'ai déjà parlé. Les couches y sont en général moins inclinées, et la chaux carbonatée bituminifère y est plus

Le terrain bituminifère un peu différent de ceux du Nord-Ouest.

---

(1) *Collini, Beurard, etc.*
(2) *Journal de Mines*, tome XV, page 32.

rare et disposée d'une autre manière ; car M. Beurard (1) dit qu'elle touche immédiatement le combustible ; ce qui ne se voit pas dans le terrain houiller du Nord-Ouest. Au reste, à ces différences près, le terrain qui nous occupe est composé, de même que les formations bituminifères du Nord-Ouest, de couches alternatives de schistes argileux et de grès. Ce dernier n'est pas toujours noirci par le voisinage des houilles, ou souillé de matière argileuse, il est même quelquefois très-blanc ; et comme il se trouve aussi en couches assez épaisses et presque horizontales, on le prendrait pour un véritable grès blanc, dans le sens géologique que j'ai assigné à ce nom, si on ne faisait attention aux circonstances du gisement.

Grès.

Schiste argileux.

Le schiste argileux y devient aussi propre à fabriquer de l'alun ; tel est notamment celui de la montagne brûlante de Duthweiller, canton d'Arnoval ( Sarre ), décrit par M. Cavillier (2). Enfin, j'observerai encore que les couches inclinées ne sont point absolument étrangères à ce terrain ; car on sait que ce sont les escarpemens des bords de la Sarre, qui ont suggéré à M. Gillet-Laumont sa belle Théorie sur l'origine des couches repliées (3), et j'ai aussi remarqué des couches fortement inclinées à Sulzbach, canton d'Arnoval ( Sarre ).

Corps organisés, poissons fossiles.

Cette formation recèle un grand nombre de

---

(1) *Journal des Mines*, tome VIII, page 609.
(2) *Journal des Mines*, n°. 46, page 763.
(3) *Journal des Mines*, n°. 54, page 463.

corps organisés qui paraissent analogues à ceux du Condros, du moins pour ce qui est des débris de végétaux. Le plus beau fait relatif aux animaux, c'est l'observation faite par M. Beurard, d'empreintes de poissons, mouchetées de mercure sulfuré (1).

Quoique j'aie, pour ainsi dire, éliminé de cette région les pays formés de terrains horizontaux, le grès rouge est très-abondant dans la partie méridionale : il recouvre souvent les terrains houillers des environs de Sarrebruck ; ce qui a fait dire que les houilles s'y trouvaient dans ce grès. Mais cette opinion ne me paraît pas fondée ; elle est contraire à la plupart des observations (2), qui disent expressément que les houilles sont en dessous des grès rouges. On a pu quelquefois se laisser induire en erreur, parce que les grès de la formation des houilles prennent de tems en tems une teinte rougeâtre : mais si on les examine avec attention, on reconnaîtra qu'ils diffèrent des véritables grès rouges. Ils ont en général plus de force de cohésion dans leurs parties ; ils sont moins purs, la couleur rouge n'y est jamais constante, etc. Grès rouge. Plus récent que les houilles.

Un dépôt très-remarquable, que je crois pouvoir rapporter à la formation du grès rouge, est un prodigieux amas de brèches grossières, ou plutôt de fragmens de quartz arrondis, en- Cailloux d'Oberstein.

(1) *Journal des Mines*, tome XIV, page 409.

(2) Cette disposition a également lieu dans des contrées très-éloignées de celle-ci : car M. Voigt nous apprend (*Journal des Mines*, t. XIV, p. 241) qu'en Saxe les houilles sont plus anciennes que les grès rouges.

veloppé dans une pâte argileuse peu solide, qui se trouve près d'Oberstein, et qu'on connaît par les descriptions de MM. Collini et Faujas.

Métaux. Les minerais métalliques sont extrêmement abondans dans cette région ; ils existent dans presque toutes les formations : les plus importans sont ceux de mercure : on y trouve aussi le cuivre, le plomb, le fer, le manganèse (1). Je me bornerai, à cet égard, de renvoyer aux descriptions que j'ai déjà citées (2). J'observerai seulement, que quoique le mercure sulfuré soit le minerai qui alimente spécialement les exploitations de ce métal, on y rencontre aussi le mercure natif, le mercure argental et le mercure muriaté, et qu'enfin on distingue la baryte sulfatée parmi les gangues, qui sont ordinairement quartzeuses et argileuses.

## DIXIÈME RÉGION.

### LE LUXEMBOURG.

Démarcation. Cette région n'est, ainsi que je l'ai déjà indiqué, que l'extrémité d'un bassin considérable qui occupe presque toute la ci-devant Lorraine, et qui vient se terminer en pointe, entre le Hundsruck et l'Ardenne : elle est bornée à l'Est par la Sarre et la Moselle, prise de Sarrebruck à Berncastel (Sarre) ; au Nord, par une

---

(1) M. Beurard possède, dans sa magnifique collection, une pépite d'or très-grosse trouvée dans les environs de Berncastel (Sarre).

(2) *Voyez* la première note.

ligne tirée de cette dernière ville, vers Artzfeld (Forêts); et à l'Ouest, par une autre ligne qui longe l'Ardenne, en passant près de Dieckirch, Osperen, Florenville (Forêts), etc. : ce qui embrasse une grande partie du département des Forêts, la portion de celui de la Sarre, à la gauche de la rivière de ce nom, et le territoire de la Moselle, au Nord de Thionville et Sarre-Louis.

Constitution physique.

Ce pays est un peu moins élevé que l'Ardenne et le Hundsruck; il est cependant traversé par des vallées très-profondes, bordées d'escarpemens très-rapides. Presque toute la surface est livrée à la culture, mais ne jouit pas d'une grande fertilité.

Constitution géologique.

On n'y trouve que les deux formations horizontales du grès rouge et du calcaire. Il y a seulement quelques points où les terrains inclinés se montrent au fond des vallées (1), mais cela ne mérite pas une attention particulière.

Grès rouge.

Le grès rouge occupe les parties orientale et septentrionale de la région où il recouvre les terrains en couches inclinées du Hundsruck et de l'Eiffel. Il y est quelquefois si friable, qu'il se divise comme des amas de sable : souvent il est susceptible de fournir une excellente pierre de taille.

Métaux.

Il n'est pas non plus dépourvu de minerais métalliques. On y cite plusieurs mines de fer, des indices de plomb et de cuivre. M. Dietrich

(1) Tel est l'escarpement de Sierk (Moselle) décrit par Monnet; tels sont aussi les lieux où on a entrepris des recherches de houille.

dit (1), que le minerai de plomb de Hargarten (Moselle), est analogue à celui de Cologne (Bleiberg).

Liaison entre le grès rouge et le calcaire.

On est conduit par une série de nuances insensibles du grès rouge au calcaire horizontal : le grès perd sa couleur rouge, devient jaunâtre ou blanchâtre ; il commence ensuite à renfermer des molécules calcaires dont la quantité va toujours en augmentant, de sorte qu'on passe du grès pur au grès calcarifère, de celui-ci à la chaux carbonatée quartzifère, et enfin à la chaux carbonatée pure. Ce sont, parmi ces intermédiaires, qu'il faut placer les roches qui constituent le sol des environs de Luxembourg. Dans cette série, on trouve des couches presque entièrement formées de sable quartzeux, ou grès jaunâtre très-tendre, dans lesquels le calcaire se trouve enfoui comme par gros rognons. Quelquefois aussi le calcaire n'est séparé du grès rouge que par des couches d'argile rougeâtre et bleuâtre.

Calcaire horizontal.

La formation du calcaire horizontal de cette région est très-remarquable ; mais comme elle est absolument semblable à celle de la Lorraine, qu'on connaît par les descriptions de M. Monnet et autres ouvrages, je ne ferai qu'en donner une idée générale. Elle s'étend dans toute la partie Sud-Ouest de la région, en longeant l'Ardenne, depuis les environs de Bitbourg (Forêts) jusqu'à Hirson (Aisne), où elle se perd sous les craies de la Picardie. Les couches

(1) *Gîtes des Minerais en Lorraine*, t. III, Disc. prél., page 18.

qui la constituent sont parfaitement horizontales, si ce n'est dans le voisinage des ardoises, où on aperçoit souvent des irrégularités : on ne voit néanmoins aucune liaison entre les ardoises et le calcaire ; la transition est toujours brusque, sans que cependant les circonstances de formations paraissent tout aussi tranchées qu'entre les craies et le terrain bituminifère.

Les couches les plus communes et en même-tems les plus importantes de cette formation, sont celles de chaux carbonatée grossière jaunâtre, qui fournissent des matériaux dignes de rivaliser avec les meilleures pierres de taille du bassin de Paris. Elle devient quelquefois véritablement compacte, et ressemble au calcaire du Jura. Il y a de ces parties qui ont une teinte de rouge clair ou fleur de pêcher, d'autres qui contiennent des géodes tapissées de cristaux de quartz-hyalin.

On y trouve aussi un calcaire bleuâtre, qui a quelques rapports avec la véritable chaux carbonatée bituminifère ; il donne de même une chaux excellente, mais il en diffère par plusieurs caractères, principalement par le gisement et les corps organisés qu'il renferme. Ordinairement cette substance bleuâtre forme des couches à elle seule, quelquefois elle occupe le milieu des couches jaunes ; d'autres fois lorsqu'on brise une masse de calcaire jaune, on est étonné de trouver dans l'intérieur une espèce de boule de cette matière bleuâtre, qui toutefois s'unit intimement avec les parties jaunes, et paraît, à la couleur près, faire un tout homogène. On sait encore que cette formation recèle des couches de chaux sulfatée, et qu'elle est très-riche en minerais de fer. Il suffit de citer les mines célèbres du département de la Moselle, et notamment celles de Saint-Pancré, canton de Longwy, qui sont connues de tout le monde.

Ce calcaire est plus ancien que la craie.

Cette formation diffère, sous plusieurs rapports, du calcaire coquillier de Paris et de la Flandre ; elle paraît beaucoup plus ancienne, c'est-à-dire, qu'elle a précédé la craie : la pierre y est en général plus dure et plus sonore ; son tissu est moins constamment grossier et passe souvent au compacte, les parties cristallisées y sont très-abondantes ; il en est de même des concrétions alabastriques : on y voit des couches bleues qui ne se trouvent pas dans les autres bassins. Les couches gypseuses n'y sont point composées de pierre à plâtre comme à Montmartre, mais de chaux sulfatée compacte ou fibreuse, souvent environnée d'argile verdâtre. On ne trouve point de craie dans aucune vallée de ces pays, quelque profonde qu'elle soit. La position de ce calcaire entre le Jura, les Vosges, le Hundsruck, d'un côté, et les craies de la Champagne de l'autre : sa liaison intime avec le grès rouge, dont personne ne conteste l'ancienneté, et ses rapports avec le calcaire incliné du Jura, annoncent que son origine est antérieure à la craie. Enfin, et c'est ici un des points les plus décisifs, les corps organisés du calcaire Lorrain sont très-différens de ceux du bassin de Paris ; ce sont des ammonites, des gryphites (1), des térebratules, etc., une immense quantité de zoophytes, etc.

(1) Ces dernières abondent, sur-tout dans les couches bleues.

Le terrain meuble qui recouvre cette région présente les mêmes variations que les couches qui en constituent le sol. Dans la partie formée de grès ou de chaux carbonatée quartzifère, ce sont de vastes amas de sable ; dans le pays calcaire, proprement dit, ce sont des terres argileuses et ferrugineuses, rougeâtres, bleuâtres, etc., qui sont quelquefois propres à la fabrication des tuiles, etc.

## ONZIÈME RÉGION.

### LE PALATINAT.

Cette petite région ne comprend que la partie du département du Mont-Tonnerre, située entre le Rhin et les mines de mercure et de houille, qui sont bordées par une ligne qui passe par les environs de Bingen, Woelstein, Goelheim, Kaiserlautern, Hombourg, etc. Démarcation.

On sait que le nom de Palatinat désignait autrefois une province considérable : j'ai cru pouvoir le conserver à ce petit canton qui en est presque entièrement démembré, d'autant plus que je ne connais aucune autre dénomination moins impropre. Dénomination.

Le sol qui est élevé et montueux dans la partie Sud-Ouest, s'abaisse vers le Rhin qui coule au milieu d'une vaste et fertile plaine. Constitution physique.

On trouve dans cette contrée les formations du grès rouge et du calcaire horizontal.

La première constitue tous les terrains élevés qui s'éloignent du Rhin entre Neustadt, Durkheim, Sarrebruck, etc. Elle y présente sou- Grès rouge.

vent des escarpemens rapides, où l'on reconnaît très-bien la stratification horizontale de ce grès, sa division en couches très-épaisses, et où l'on voit aussi comment on pourrait être induit en erreur sur l'inclinaison apparente de quelques-unes de ses masses ; car les couches inférieures quelquefois plus tendres que les supérieures, ont été enlevées sur une plus grande largeur lors du creusement des vallées.

Singuliers escarpemens.

Les couches supérieures étant demeurées sans appui, se sont éboulées en s'inclinant sur l'escarpement où on les retrouve encore dans cet état. Un autre effet qui tire son origine de la même cause, c'est la disposition non-seulement verticale des escarpemens, mais les saillies que font souvent les couches supérieures, de manière à rappeler les lignes d'un ordre d'architecture. On voit, notamment à Franckenstein, canton de Kaiserlautern, une masse qui ressemble à un pilastre surmonté d'un chapiteau.

Le grès rouge s'étend sur une longueur de plus de 40 myriam.

Ce grès rouge est absolument semblable à ceux que nous avons déjà examinés ; il se rattache de même à une vaste étendue de terrain de cette nature, qui se prolonge jusqu'au Jura, en enveloppant les montagnes granitiques des Vosges. La continuité de ces couches, dans une longueur de près de 40 myriamètres, la ressemblance qu'on y remarque d'une extrémité à l'autre, paraissent annoncer une seule et même formation ; mais l'origine de ces matières

Origine des grès rouges.

est sujette à plusieurs difficultés. En effet, l'opinion la plus généralement adoptée et la plus naturelle, est que les grès et les brèches sont des produits de seconde formation, en ce sens qu'ils qu'ils sont composés de débris de roches préexistantes, détruites par des causes quelconques. Cependant on ne trouve dans les Vosges, le Jura, la Forêt-Noire, le Hundsruck, etc. aucuns restes des roches dont les débris auraient pu donner naissance aux grès et aux brèches rouges. Aussi quelques naturalistes qui ont visité ces contrées, attribuent l'origine de ces matières à une simple précipitation analogue à celle qui a formé les couches ordinaires, et ne voient dans les fragmens arrondis des brèches, que cette tendance qu'ont les minéraux à prendre des formes globuleuses quand leur cristallisation est dérangée. Cette opinion était entre autres celle de Dietrich, qui la poussait encore plus loin, puisqu'il disait (1), *que les granites et les pierres de sable* (grès rouge) *des Vosges avaient été formées ensemble;* ce qui conduirait à admettre que les houilles de la Sarre et le calcaire coquillier de l'Eiffel également recouvert par la grande nappe de grès rouge, ont été formés en même-tems que les granites: proposition absolument contraire aux premières règles de la géologie.

Opinion de Dietrich.

Quoi qu'il en soit, la formation du grès rouge présente encore d'autres circonstances remarquables : telle est notamment l'excessive rareté, pour ne pas dire l'absence totale des corps organisés, et cependant son existence au-dessus des houilles et du calcaire coquillier est bien constatée.

---

(1) *Gîtes des Minerais en Alsace*, t. II, pages 4, 209 et suivantes.

Calcaire horizontal.

Le calcaire horizontal du Mont-Tonnerre forme un système de petites collines intermédiaires entre le terrain plus élevé de grès rouge et la vallée du Rhin. Ces collines se prolongent dans le département du Bas-Rhin, et se retrouvent sur la droite de ce fleuve jusqu'au-delà de Francfort : c'est encore une chaux carbonatée jaunâtre, grossière, et qui contient souvent beaucoup de parties quartzeuses : ces dernières s'y trouvent quelquefois en petits globules transparens très-remarquables. M. Faujas de Saint-Fond a remarqué qu'il y avait dans ce calcaire, près de Mayence, une quantité innombrable de bulimes, genre de coquilles qui renferme en général des espèces d'eau douce : si l'on combine cette observation avec les os fossiles que M. Collini a trouvé dans le même pays (1), et sur-tout avec les débris de Paléothériums et les coquilles d'eau douce découverts (2) au Batzberg (Bas-Rhin), on ne doit pas s'éloigner de l'idée que ces collines calcaires aient été formées à une époque et sous des circonstances analogues à celle du terrain gypseux de Paris ; ce qui porterait à les considérer comme bien plus récentes que le calcaire de la Lorraine.

Il paraît avoir été formé dans un lac.

La situation physique de ce bassin tendrait encore à confirmer cette opinion, car il est entièrement enfermé par les Vosges, le Hundsruck, les montagnes d'Allemagne, etc. ; et il

---

(1) *Voyage, etc.*, page 23.

(2) *Annales du Muséum d'Histoire naturelle*, t. VI, p. 346.

ne paraît pas que le liquide qui déposait le calcaire de la Lorraine et les craies du centre de la France, se soit élevé à la hauteur des Vosges, proprement dites, ni même à celle des plateaux de grès rouge du Palatinat. En outre, la vallée, ou plutôt la plaine du Rhin, très-large entre Basle et Mayence, se resserre brusquement au-dessous de cette ville, et se prolonge, entre Bingen et Coblentz, à travers une gorge étroite et escarpée qui paraît avoir été creusée postérieurement à la formation du calcaire horizontal, puisqu'on n'en voit aucun indice dans toute cette gorge ; de sorte qu'à cette époque, la plaine du Rhin devait former un vaste lac.

Au reste, cette opinion n'est qu'une idée que je hasarde ici pour attirer en quelque manière l'attention sur ce bassin calcaire, car elle est encore sujette à beaucoup d'objections, d'autant plus qu'on cite des ammonites et des griphytes trouvées dans le département du Bas-Rhin. Mais ce qui est fort extraordinaire, c'est que M. Hammer, dans ses savantes Observations sur la géologie de ce pays (*Ann. du Mus. d'Hist. nat.*, t. VI, p. 356), paraît indiquer que ces coquilles sont plus récentes que les Paléothériums ; fait qui me semble mériter de nouvelles recherches.

Plaine du Rhin.

Il est inutile d'ajouter que la partie inférieure de la plaine du Rhin, entre le fleuve et les collines calcaires, est formée de débris, tels que sables, limon d'attérissement, cailloux roulés, etc., où l'on reconnaît des produits des Alpes, du Jura et des Vosges.

## RÉSUMÉ.

Les terrains du Nord de la France se divisent en couches inclinées et en couches horizontales.

On a vu dans le cours de cet Essai, que tous les terrains du Nord de la France pouvaient se rapporter à deux grandes divisions, ceux en couches inclinées et ceux en couches horizontales.

Etendue des terrains en couches inclinées.

Les premiers, qui sont les plus anciens, s'appuient, pour ainsi dire, sur le Rhin, depuis Bingen jusqu'à Bonn, et se divisent en deux branches, dont l'une ne s'étend que jusqu'à Sarrebruck, et l'autre se prolonge au Sud-Ouest, jusqu'au-delà de Tournay, et se retrouve même sur les bords de la mer, près de Boulogne.

Il s'agit maintenant de rechercher à quelle chaîne principale ce terrain se rattache.

L'opinion la plus commune considère le Hundsruck et par conséquent l'Eiffel, comme un prolongement des Vosges. Une suite des mêmes principes pourrait faire envisager l'Ardenne comme une continuité des collines de Langres ; mais je ne crois pas qu'on puisse opérer de cette manière.

En général, il me paraît que pour juger de la continuité d'une même chaîne de montagnes, on doit avoir bien plus d'égard à la nature et à la direction des couches qu'au prolongement apparent d'un sol élevé, du moins quand il est question de l'extrémité des chaînes où elles s'abaissent au point de se perdre dans les plaines.

C'est principalement à la continuité des terrains en couches inclinées qu'on doit faire attention, car quelles que puissent être les causes de l'inclinaison, c'est à ce phénomène qu'il faut attribuer le relief des montagnes qui s'élèvent au-dessus du niveau ordinaire de la surface du globe. Les formations horizontales qui sont venues ensuite ont plutôt tendu à combler les inégalités qui existaient, qu'à former de nouvelles élévations ; et ces terrains, qui n'ont éprouvé d'autres bouleversemens que le creusement des vallées, présentent des collines, des plateaux, des escarpemens, plutôt que de véritables chaînes de montagnes.

Ces terrains sont une continuité des montagnes du centre de l'Allemagne.

Si nous appliquons ces principes au cas présent, nous remarquerons d'abord, que la véritable chaîne des Vosges, celle formée de roches feldspathiques en couches inclinées qui s'élèvent en forme de montagnes coniques au-dessus de tous les plateaux environnans, cesse près de Saverne (Bas-Rhin), et que de là jusqu'au Hundsruck, on ne trouve plus que du grès rouge en couches horizontales qui, considéré du côté de la plaine du Rhin, présente, à la vérité, une suite d'escarpemens continuée sans interruption des Vosges proprement dites, jusqu'au Donnersberg ; mais du côté de l'Est, les sommets de ces escarpemens correspondent au niveau ordinaire des plateaux de la Lorraine. Si nous comparons ensuite la nature des couches, nous ne remarquerons aucune ressemblance entre les granites des Vosges et les ardoises du Hundsruck : au contraire, nous trouverons au-delà du Rhin (1), dans les montagnes de la Vettéra-

(1) *Collini*, page 278.

vie, les mêmes systèmes de formations, les mêmes espèces de roches, la même direction des couches que dans le Hundsruck. Nous verrons également les basaltes et les volcans éteints de l'Eiffel s'étendre sur la droite du Rhin, jusqu'au milieu du royaume de Westphalie (1). Enfin M. Hammer (2) nous apprend que les Vosges et les montagnes de la Forêt-Noire *se correspondent par leur aspect et leur composition : on trouve les mêmes roches à peu près de côté et d'autre, la même direction des vallons latéraux*, etc. Toutes ces observations coïncident, non-seulement avec la direction du Nord-Est au Sud-Ouest, qu'on retrouve dans toutes ces couches, mais encore avec cette tendance générale de se diriger de l'Est à l'Ouest, qu'on remarque dans les principales chaînes de montagnes qui traversent l'Asie et l'Europe; de sorte qu'il me paraît démontré que les terrains en couches inclinées du Nord de la France ne sont que les prolongemens, et pour ainsi dire les extrémités occidentales des montagnes du centre de l'Allemagne. Dans cette idée, les Vosges elles-mêmes, au lieu de former une chaîne particulière dirigée du Sud au Nord, ne seraient encore qu'une dépendance des montagnes de l'Allemagne méridionale.

Nous avons remarqué dans nos terrains en couches inclinées deux formations principales,

---

(1) Deluc, *Lettres, etc.*, tome V, page 361.

(2) *Annales du Muséum d'Histoire naturelle*, t. VI, p. 356.

les ardoises où il n'y a pas de corps organisés, et le terrain bituminifère qui en contient beaucoup. C'est l'alternative de ces deux formations qui paraît constituer le système de la masse de ces terrains; car nous avons vu trois chaînes d'ardoise séparées par autant de chaînes de calcaire bituminifère.

Idée générale des terrains en couches horizontales du Nord de la France.

Parmi les formations horizontales, le grès rouge qui est la plus ancienne, occupe un vaste espace qui s'étend du Jura aux plaines de la Roër, en recouvrant une partie des Vosges, du Hundsruck et de l'Eiffel : il est suivi immédiatement de l'ancien calcaire horizontal, qui se prolonge également du Jura aux Ardennes; vient ensuite la formation crayeuse qui domine dans la plus grande partie du centre de la France, et se termine dans les plaines de la Flandre.

Cette même Flandre nous a montré un calcaire grossier, qui semble avoir été déposé dans une espèce de golfe, séparé du bassin de Paris par les craies de la Picardie. Nous avons vu dans la plaine du Rhin un autre calcaire grossier, qu'on pourrait supposer avoir été formé dans un grand lac, à la même époque que la chaux sulfatée de Montmartre.

Enfin, la partie la plus septentrionale de notre territoire nous a présenté une portion de ce vaste terrain de débris qui recouvre la Hollande, le Nord de l'Allemagne, la Pologne, etc.

Nature des couches en général.

Si nous considérons ensuite d'une manière générale les substances qui constituent le sol des contrées que nous venons d'examiner, nous remarquerons que les plus abondantes, celles qui se trouvent dans le plus grand nombre de formations sont la chaux carbonatée, le quartz et le schiste.

Chaux carbonatée.

La première, qui n'existe qu'en petites parties cristallisées dans les terrains dépourvus de corps organisés, joue un rôle très-important parmi les couches inclinées, remplies de débris d'êtres vivans : elle y est remarquable par sa dureté, presque toujours colorée par le bitume et très-abondante en cristallisations. On ne la trouve pas dans le grès rouge, mais elle compose presque exclusivement la formation suivante, que j'ai appelée du *calcaire horizontale*, où nous avons vu qu'elle présentait trois modifications différentes. La plus ancienne est en général d'un jaune-blanchâtre, d'un tissu grossier, qui passe souvent au compacte, contient beaucoup de cristallisations, et est encore très-dure, quoiqu'elle cède à cet égard au calcaire bituminifère. La seconde est la craie dont la couleur est blanche et la force de cohésion très-variable, mais en général assez faible. Le calcaire grossier qui lui succède est de couleur jaunâtre, ordinairement plus dure que la craie, et communément plus friable que l'ancien calcaire horizontal. Ces deux modifications ne présentent presque plus de cristaux.

Quartz.

Le quartz doit être considéré sous deux états, en couches ou grandes masses, et en rognons enfouis dans d'autres substances. Le quartz en couches est très-commun dans la formation ardoisière, qui est peut-être contemporaine de celle des trapps. Il y appartient principalement à la variété grenue, et y passe quelquefois au grès et à la brèche. Dans le terrain bituminífère il est en général à l'état de grès souillé d'argile, il y passe aussi à la brèche et rarement au tissu grenu. Le quartz constitue entièrement la formation du grès rouge, ou il se présente sous les formes de grès, de sable, de brèches et de cailloux arrondis ; il n'existe que comme principe accessoire dans le calcaire horizontal, mais se retrouve abondamment à l'état de sable et de grès dans les formations du grès blanc et du terrain meuble.

Le quartz en rognons est remarquable par la succession de variétés qu'il présente selon les diverses époques de formations, car les rognons qui existent dans des terrains différens ne sont jamais semblables ; ce qui n'a pas lieu pour les quartz en couches. Dans la formation trappéenne on trouve les agates et les géodes d'Oberstein si généralement connues. Le calcaire bituminifère recèle des rognons d'un quartz noir qui appartient au *kiesel schieffer* des auteurs allemands. On rencontre dans la craie le véritable quartz agate pyromaque, et les couches les plus anciennes du terrain meuble contiennent des masses d'un autre quartz agate de couleur jaunâtre et presque opaque.

Schiste.

Le schiste présente aussi une succession de variétés qu'on pourrait peut-être regarder comme une série de nuances entre les roches talqueuses et l'argile. Le plus ancien est l'ardoise, dont on a vu les rapports avec le talc et le mica. Il passe ensuite dans la formation ardoisière à la variété que j'ai désignée, d'après M. Brongniard, sous le nom de *schiste argileux*, qui se décompose par les influences météoriques en une terre argileuse. Enfin dans les terrains en couches horizontales, on ne trouve presque pas de véritables schistes, mais des couches d'argile qui sont encore quelquefois très-feuilletées.



FIN.

www.ingramcontent.com/pod-product-compliance
Ingram Content Group UK Ltd.
Pitfield, Milton Keynes, MK11 3LW, UK
UKHW020604180726
13838UKWH00001B/420